制药废水处理工程技术手册

张金凤　主编

U0274783

中国环境出版集团·北京

图书在版编目（CIP）数据

制药废水处理工程技术手册/张金凤主编. —北京：中国环境出版集团，2022.1

ISBN 978-7-5111-5012-7

Ⅰ.①制… Ⅱ.①张… Ⅲ.①制药工业—废水处理—技术手册 Ⅳ.①X787.031-62

中国版本图书馆 CIP 数据核字（2022）第 005677 号

出 版 人　武德凯
责任编辑　丁莞歆
责任校对　任　丽
封面设计　岳　帅

出版发行　中国环境出版集团
　　　　　（100062　北京市东城区广渠门内大街 16 号）
　　　　　网　　　址：http://www.cesp.com.cn
　　　　　电子邮箱：bjgl@cesp.com.cn
　　　　　联系电话：010-67112765（编辑管理部）
　　　　　　　　　　010-67147349（第四分社）
　　　　　发行热线：010-67125803，010-67113405（传真）
印　　刷　北京中科印刷有限公司
经　　销　各地新华书店
版　　次　2022 年 1 月第 1 版
印　　次　2022 年 1 月第 1 次印刷
开　　本　880×1230　1/32
印　　张　5
字　　数　100 千字
定　　价　28.00 元

编委会

前　言

随着医药工业的发展，制药废水已成为我国重要的污染源，截至 2020 年，我国医药制造企业数量达到 7 665 家，同比增长 3.8%。"十四五"规划明确要求，在推动绿色发展、持续改善环境质量建设中，加强对制药废水的处理是重中之重，是国家以及制药行业需重点攻克的课题之一。制药废水从工艺角度可以分为化学合成类制药废水、生物制药生产发酵废水和中成药制药废水，由于成分复杂，药物的生产过程决定了制药废水的特点。其中，合成类制药废水因其组分复杂、污染物浓度高、难降解物质多、毒性强、间歇排放及污染物种类波动大等特点而成为制药废水处理中的难点。

本手册以天津某制药公司的化学合成类制药废水为实验研究原水，采用"气浮+水解+厌氧+两级好氧+高级氧化"处理工艺进行小试试验研究，以确定各个工艺的去除效果和最佳的反应条件，为化学合成类制药废水处理工艺选择提供参考及设计依据。此外，本手册还以天津某合成类制药公司废水处理系统为典型案例，对其废水处理工艺进行详细介绍，并对系统运行操作、设备及设施的运行维护管理等工作进行阐述，图文结合，具有较强的实用性和指导性，期望能够对合成类制药废水处理工程的设计、施工和运行等工作起到借鉴作用。

本手册在编制过程中得到了各设备厂家的大力帮助和支持，在此表示感谢。同时，由于编者水平和知识有限，疏漏、错误和不当之处在所难免，恳请广大同行和读者批评指正。

编　者

2021 年 8 月

目 录

1 制药废水处理工艺 1

  1.1 制药废水的来源、特性和危害 1

    1.1.1 制药废水的来源及特性 1

    1.1.2 制药废水的危害 3

  1.2 废水处理工艺 4

    1.2.1 化学法 4

    1.2.2 物理法 10

    1.2.3 生物处理法 14

    1.2.4 组合处理技术 19

2 化学合成类制药废水试验研究 20

  2.1 废水水质 20

  2.2 小试试验工艺的确定 21

  2.3 小试试验工艺流程及试验装置 22

  2.4 结果与讨论 25

    2.4.1 气浮试验 25

    2.4.2 水解酸化试验 26

2.4.3 混凝沉淀试验 29

2.4.4 厌氧试验 31

2.4.5 厌氧沉淀试验 36

2.4.6 一级好氧试验 37

2.4.7 二级好氧试验 41

2.4.8 催化氧化试验 42

3 典型工程项目 46

3.1 工程概况 46

3.1.1 水质特性分析 46

3.1.2 污水处理系统设计进水水质 47

3.1.3 污水处理系统设计出水水质 47

3.1.4 工艺流程图 47

3.2 单元工艺系统设计说明 51

3.2.1 集水井 51

3.2.2 隔油调节池 58

3.2.3 综合调节池 62

3.2.4 水解酸化池 67

3.2.5 沉淀池 70

3.2.6 高效生物膜池 72

3.2.7 膜清洗水池 81

3.2.8 污泥浓缩池 84

3.2.9 高级氧化系统 86

3.2.10 气浮系统 95

3.3 设备的说明、点检与维护 96

    3.3.1 机械格栅 96

    3.3.2 潜水搅拌器 99

    3.3.3 潜污泵 101

    3.3.4 卧式离心泵 103

    3.3.5 螺杆泵 104

    3.3.6 计量泵 106

    3.3.7 鼓风机 110

    3.3.8 膜系统 115

    3.3.9 带式压滤机 118

    3.3.10 气浮机 124

3.4 仪表的运行管理及维护保养 125

    3.4.1 产品型号、规格 125

    3.4.2 校准方法 126

    3.4.3 维护与保养 128

3.5 自控系统操作说明 129

    3.5.1 网络系统的介绍 129

    3.5.2 上位操作说明 132

    3.5.3 系统维护 145

1 / 制药废水处理工艺

1.1 制药废水的来源、特性和危害

1.1.1 制药废水的来源及特性

随着医药工业的发展，制药废水已逐渐成为重要的污染源之一，其成分复杂，药物的生产过程决定了制药废水的特点。制药废水从工艺角度可以分为 3 类：化学合成类制药废水、生物制药生产发酵废水、中成药制药废水。

化学合成类药物主要是利用有机或者无机原料，通过化学反应或者利用中间体过程获得的，这决定了化学合成类制药废水的主要成分是结晶母液、残余的生产物、吸附残液等。因药物种类不同、生产工艺不同且流程复杂、原辅材料种类多、生产过程对原料和中间体质量控制严格、物料净收率较低、副产品多，制药废水具有成分差异大、组分复杂、污染物量多、COD 高、BOD_5 和 COD_{Cr} 比值低且波动大、可生化性很差、难降解物质多、毒性强、间歇排放、水量水质及污染物种类波动大等特点。主要处理方法为生物法、物理法和化学法，如上流式厌氧污泥床（UASB）、芬顿氧化技术、多

相催化湿式过氧化法等。

中成药的生产过程主要包括对动植物、矿物等各类原料的提取、分类、纯化等生产环节，因药物种类繁多，所产生的生产废水中包含的主要成分不尽相同。中成药的生产工艺不同，产生的废水水质和水量也会不同，而且波动大，稳定性也较差。在实际生产过程中，废水会进行不定期排放，成分较复杂、色度较高、COD 浓度大，是较难处理的工业废水。中成药制药废水如果不能达标排放，会对附近水体和生态环境造成严重的污染。总体来说，中成药制药废水的成分复杂、色度大、水质水量波动大，但可生化性好，易于用生物法进行处理，常用的方法主要有 UASB、序批式活性污泥法（SBR）、厌氧折流板反应器（ABR）等组合工艺。

生物制药生产发酵废水主要来自微生物发酵的废液、提取纯化过程中产生的残余液、发酵罐排放的洗涤废水等生产过程中产生的废水。生物制药生产工艺复杂多样，因而在生产中排放出的废水污染性极强，会严重污染水源及周围的自然生态环境。生物制药厂排出的废水主要包括废滤液、溶剂回收残液、废母液，这些废水均含有高浓度的污染物，酸碱性和水温变化大，处理难度高，多采用化学法或生物法进行处理，如高级氧化、水解酸化、UASB、臭氧氧化及其工艺组合等。

近年来，由于制药行业利润巨大，越来越多的企业参与到制药行业中，也使我国的制药行业得到了高速发展。但相对而言，制药废水的处理量却尚未达到整个制药废水排放量的 30%，大量未处理或未完全处理的制药废水排放到自然水体中，对自然环境造成极大的破坏。

1.1.2 制药废水的危害

制药废水对人类和自然环境都具有很大危害，应引起我们的足够关注和重视。制药废水中含有大量的重金属和有害化学物质，若未按照规定处理排放，人若误食，量少中毒、量多致死，严重危害了人民的生命和健康。制药废水中的污染物通常难以降解，具有很强的毒性和致癌、致畸、致突变作用，若处理不达标，排放到环境中将会不断蓄积，对土壤、水、大气都会造成影响。制药废水中的各种酸、碱、鞣质及蒽醌类成分易造成土壤过于酸化或碱化，同时对植被的生长和地下水源也会造成影响。

一是消耗水中的溶解氧。有机物在水体中进行生物氧化分解时都会消耗水中的溶解氧。有机物含量过大就会使水体缺氧或脱氧，从而造成水中好氧水生生物死亡，厌氧微生物大量繁殖，缺氧消化产生甲烷、硫化氢、醇、氨、胺等物质，进一步抑制水生生物，使水体发黑发臭。

二是破坏水体生态平衡。某些药剂及其合成的中间体往往具有一定的杀菌或抑菌作用，从而影响水体中细菌、藻类等微生物的新陈代谢，并最终破坏这一水体整体的生态系统平衡。例如，当水中含有青霉素、四环素和氯霉素时，可抑制绿藻的生长。

三是药物代谢产物对环境的污染。制药废水会因污染物之间或与水体中物质发生化学反应而产生新的污染。例如，亚硝胺类物质是一种强致癌物。而在制药废水中如果含有土霉素、哌嗪、吗啉和氨基比林等物质，在酸性介质中即可与亚硝酸钠作用产生二甲基亚硝胺。

1.2 废水处理工艺

1.2.1 化学法

1. 电解法

电解法是指废水中有害物质通过电解过程在阳、阴两极上分别发生氧化和还原反应，转化成为无害物质以实现废水净化的方法。

电解槽内装有极板，一般用普通钢板制成。极板取适当间距，以保证电能消耗较少而又便于安装、运行和维修。电解槽按极板连接电源方式分单极性和双极性两种。双极性电极电解槽的特点是中间电极靠静电感应产生双极性。这种电解槽较单极性电极电解槽的电极连接简单、运行安全、耗电量显著减少。阳极与整流器阳极相连接，阴极与整流器阴极相连接。通电后，在外电场作用下阳极失去电子发生氧化反应，阴极获得电子发生还原反应。

废水流经电解槽时可作为电解液，在阳极和阴极分别发生氧化和还原反应，有害物质被去除。这种直接在电极上的氧化或还原反应称为初级反应。电解处理废水也可采用间接氧化和间接还原的方式，即利用电极氧化和还原产物与废水中的有害物质发生化学反应，生成不溶于水的沉淀物，以分离除去有害物质。在电解过程中，废水中大量的氢离子被消耗，氢氧根离子浓度增加，废水从酸性过渡到碱性，进而生成氢氧化铬和氢氧化铁等物质沉淀下来，其反应式如下：

$$Cr^{3+}+3OH^- \longrightarrow Cr(OH)_3\downarrow$$
$$Fe^{3+}+3OH^- \longrightarrow Fe(OH)_3\downarrow$$

这样，就把沉淀物质同水分离开来，达到了去除铬离子、净化废水的目的。以上反应式中除在铁阳极发生的阳极溶解是初级反应外，其他为次级反应。

废水电解处理包括电极表面上的电化学作用、间接氧化和间接还原、电浮选和电絮凝等过程，分别以不同的作用去除废水中的不同污染物。

2. 臭氧氧化法

臭氧的氧化能力极强，在氧化能力上比单质氯高 1.5～1.6 倍，仅弱于氟、羟基自由基和原子氧。臭氧氧化法的废水处理工艺设施主要由臭氧发生器和气水接触设备组成。大规模生产臭氧的唯一方法是无声放电法。制造臭氧的原料气是空气或氧气。臭氧发生器所产生的臭氧，通过气水接触设备扩散于待处理水中，通常是采用微孔扩散器、鼓泡塔或喷射器、涡轮混合器等。臭氧的利用率要力求达到 90%以上，剩余臭氧随尾气外排，为避免污染空气，尾气可用活性炭或霍加拉特剂催化分解，也可用催化燃烧法使臭氧分解。

臭氧氧化法主要通过直接反应和间接反应两种途径得以实现。其中，直接反应是指臭氧与有机物直接发生反应，这种方式具有较强的选择性，一般是进攻具有双键的有机物，通常对不饱和脂肪烃和芳香烃类化合物较有效；间接反应是指臭氧分解产生·OH，通过·OH 与有机物进行氧化反应，这种方式不具有选择性。

臭氧氧化法虽然具有较强的脱色和去除有机污染物的能力，但运行费用较高，对有机物的氧化具有选择性，在低剂量和短时间内不能完全矿化污染物，且分解生成的中间产物会阻止臭氧的氧化进程。

3. 芬顿氧化法

芬顿试剂是由 H_2O_2 和 Fe^{2+} 混合得到的一种强氧化剂，它通过催化分解 H_2O_2 产生的 $\cdot OH$ 自由基进攻有机物分子夺取氢，从而将大分子有机物降解为小分子有机物，或矿化为 CO_2 和 H_2O 等无机物。芬顿氧化法对很多难降解物质都有很好的处理效果，包括芳胺类、芳烃类、酚类、农药及核废料等，对多种有机工业废水都有较好的处理效果。

芬顿反应是以亚铁离子为催化剂的一系列自由基反应。主要反应大致如下：

$$Fe^{2+} + H_2O_2 \longrightarrow Fe^{3+} + OH^- + \cdot OH$$

$$Fe^{3+} + H_2O_2 + OH^- \longrightarrow Fe^{2+} + H_2O + \cdot HO_2$$

$$Fe^{3+} + H_2O_2 \longrightarrow Fe^{2+} + H^+ + HO_2$$

$$HO_2 + H_2O_2 \longrightarrow H_2O + O_2 \uparrow + \cdot OH$$

影响芬顿氧化处理效果的因素包括溶液 pH、反应温度、H_2O_2 投加量及投加方式、催化剂种类、催化剂与 H_2O_2 投加量之比。

（1）温度

温度是芬顿反应的重要影响因素之一。一般化学反应随着温度的升高会加快反应速度，芬顿反应也不例外，温度升高会加快 $\cdot OH$ 的生成速度，有助于 $\cdot OH$ 与有机物反应，提高氧化效果和 COD 的去除率。但对于芬顿试剂这样复杂的反应体系来说，温度升高不仅会加速正反应的进行，也会加速副反应的进行，同时会加速 H_2O_2 的分解，而分解得到的 O_2 和 H_2O 不利于·OH 的生成。不同种类工业废水中的芬顿反应，其适合的温度也存在一定差异。处理聚丙烯胺水溶液时，在反应的进行中应控制温度，高于 60℃ 不利于反应的进行。

（2）pH 对反应的影响

一般来说，芬顿试剂在酸性条件下可发生反应，在中性和碱性的环境中 Fe^{2+} 不能催化氧化 H_2O_2 产生·OH，而且会产生 $Fe(OH)_3$ 沉淀，从而失去催化能力。当溶液中的 H^+ 浓度过高时，Fe^{3+} 不能顺利地被还原为 Fe^{2+}，催化反应会受阻。多项研究结果表明，芬顿试剂在酸性条件下，特别是 pH 在 3~5 时氧化能力很强，此时有机物降解速率快，能在几分钟内降解，有机物的反应速率常数正比于 Fe^{2+} 和 H_2O_2 的初始浓度。因此，在工程上采用芬顿工艺时建议将废水调节到 2~4，理论上 pH 在 3~5 为最佳。

不同种类的废水，芬顿试剂的投加量、氧化效果均不相同。对于醇类（甘油）及糖类等碳水化合物，在羟基自由基作用下分子发生脱氢反应，产生 C—C 键的断链；对于大分子糖类，羟基自由基使糖分子链中的糖苷键发生断裂，降解产生小分子物质；对于水溶性的高分子及乙烯化合物，羟基自由基使 C—C 键断裂。此外，羟基自由基可以使芳香族化合物开环形成脂肪类化合物，从而消除或降低其毒性，改善其可生化性。

芬顿工艺在处理废水时需要判断药剂投加量及其经济性。H_2O_2 的投加量大，废水 COD 的去除率就会有所提高，但是当 H_2O_2 投加量增加到一定程度后，COD 的去除率反而会下降。这是因为在芬顿反应中，H_2O_2 投加量增加，·OH 的产量就会随之增加，而 COD 的去除率会相应降低。但是当 H_2O_2 的浓度过高时，H_2O_2 会发生分解反应，并不产生羟基自由基。

4. 光化学氧化法

光化学氧化法近年来发展迅速，可以处理废水中的多种成分，如卤代脂肪烃、卤代芳烃、有机酸类、硝基芳烃、取代苯胺、多环芳烃、杂环化合物、烃类、酚类、染料、表面活性剂、农药等。但由于反应条件的限制，光化学氧化法处理有机物时会产生多种芳香族有机中间体，使有机物降解不够彻底，这成为其需要克服的问题。光化学氧化法包括光激发氧化法（如 O_3/UV）和光催化氧化法（如 TiO_2/UV）。光激发氧化法主要以 O_3、H_2O_2、O_2 和空气作为氧化剂，在光辐射作用下产生·OH。光催化氧化法是在反应溶液中加入一定量的半导体催化剂，使其在紫外光的照射下产生·OH。两者都通过·OH 的强氧化作用对有机污染物进行处理。

光激发氧化法的氧化原理是利用臭氧在紫外光的照射下分解产生的活泼的次生氧化剂来氧化有机物。研究表明，O_3/UV 比单独的臭氧氧化法处理更加有效，而且能氧化臭氧难以降解的有机物。一个基本的 O_3/UV 系统使用 254 nm 的 UV 照射被 O_3 饱和的水体，它的降解效率比单独使用 UV 和 O_3 都要高。臭氧直接氧化反应占主导地位的单独臭氧氧化过程能够对有机物进行降解，但不能做到完全降解，通过加入紫外光辐射可以促进·OH 的生成，从而达到完全降解。臭氧和紫外光之间存在着一个协同作用，协同作用的程度随着底物的不同而不同，过程则受物质的基质效应支配。臭氧与紫外光协同作用时，存在额外的高能量输入。

光激发氧化法的反应式如下：

$$O_3 + h\nu \longrightarrow O_2 + \cdot O$$

$$\cdot O + H_2O_2 \longrightarrow \cdot OH + \cdot HO_2$$

$$O_3 + H_2O + h\nu \longrightarrow O_2 + H_2O_2$$

$$H_2O_2 + h\nu \longrightarrow 2 \cdot OH$$

在光激发氧化反应中，通常需要引入催化剂，TiO_2 因其无毒、化学惰性、价格低廉和高效等优点，是目前研究和应用最广泛的光催化剂。以 TiO_2 为催化剂的光催化氧化的羟基自由基反应机制是，当 TiO_2 粒子与水接触时，半导体表面产生高密度的羟基，由于羟基的氧化电位在半导体的价带位置以上，而且又是表面高密度的物种，因此光照射半导体表面产生的空穴首先被表面羟基捕获，产生强氧化性的羟基自由基，反应式如下：

$$TiO_2 + h\nu \longrightarrow e^- + TiO_2\,(h^+)$$

$$TiO_2\,(h^+) + H_2O \longrightarrow TiO_2 + H^+ + \cdot OH$$

$$TiO_2\,(h^+) + OH^- \longrightarrow TiO_2 + \cdot OH$$

当有氧分子存在时，吸附在催化剂表面的氧捕获光生电子也可以产生羟基自由基，反应式如下：

$$O_2 + nTiO_2\,(e^-) \longrightarrow nTiO_2 + \cdot O_2^-$$

$$O_2 + TiO_2\,(e^-) + 2H_2O \longrightarrow TiO_2 + H_2O_2 + 2OH^-$$

$$H_2O_2 + TiO_2\,(e^-) \longrightarrow TiO_2 + OH^- + \cdot OH$$

光生电子具有很强的还原能力，可以还原金属离子，反应式如下：

$$Mn^+ + nTiO_2\,(e^-) \longrightarrow Mn + nTiO_2$$

以 TiO_2 为主的半导体光催化氧化技术是一种高效的深度氧化技术，是当前的研究热点。在一定波长的光照下，TiO_2 催化剂表面产生大量的·OH 自由基，可以有效地将水体中难降解的污染物质快速氧化为 CO_2、H_2O 等小分子无害物质，达到深度处理的目的。在对 TiO_2 改性后，该反应可在阳光下进行，从而大大提高了可应用性。

1.2.2　物理法

1. 混凝沉淀技术

混凝沉淀是在混凝剂的作用下，使废水中的胶体和细微悬浮物凝聚成絮凝体，然后予以分离除去的水处理法。在废水中投入混凝剂后，因混凝剂为电解质，可在废水里形成胶团，与废水中的胶体物质发生电中和并形成绒粒沉降。混凝沉淀不但可以去除废水中细小的悬浮颗粒，还能够去除色度、油分、微生物、氮和磷等富营养物质、重金属及有机物等。通过压缩微颗粒表面双电层、降低界面ζ电位、电中和等电化学过程，以及桥联、网捕、吸附等物理化学过程，废水中的悬浮物、胶体和可絮凝的其他物质可凝聚成"絮团"，再经沉降设备将絮凝后的废水进行固液分离，"絮团"沉入沉降设备的底部而成为泥浆，顶部流出的则为色度和浊度较低的清水。

影响混凝效果的因素主要有以下几方面：

（1）温度：水的最佳温度为 20～30℃。

（2）pH：pH 对悬浮颗粒表面电荷的ζ电位、絮凝剂的性质和作用等都有很大的影响，直接影响絮凝效果。

（3）水中的杂质：水中杂质的颗粒级配越单一、颗粒越细，对混凝越不利，大小不一的颗粒有利于混凝。

（4）搅拌的速度和时间：混凝分为混合与反应两个过程，前者要求快速使混凝剂与水混合均匀，后者要求随矾花的增大而逐步降低搅拌速度，以免增大的矾花重新被搅碎，过程时间由最佳工艺效果决定。

（5）混凝剂的用量：混凝效果一般随混凝剂用量的增加而增强。当混凝剂的用量达到一定值时会出现最佳混凝效果，再增加用量反而导致混凝效果下降。

混凝剂主要分为无机混凝剂、有机混凝剂和高分子混凝剂。无机混凝剂主要是一些无机电解质，如明矾、石灰等，其作用机理是通过外加离子改变胶粒的 ζ 电势，使之发生聚沉。有机混凝剂主要是一些表面活性物质，如脂肪酸钠盐、季铵盐等，它们属于离子型有机物，能显著降低胶粒的 ζ 电势，并能强烈地吸附在胶粒表面，使胶粒周围的水层减小，故易发生聚沉。高分子混凝剂包括天然高分子化合物（如明胶）及人工合成高分子（如聚丙烯酰胺）。

混凝沉淀法的优点明显，具有效率高，操作简单，处理方法成熟、稳定，且能源消耗低等优点。但也有一些缺点，如当投入过多的药剂时药剂本身也会对水体造成污染、不同水质投加量需通过实验确定、占地面积较大、污泥需浓缩处理脱水等。

2.活性炭吸附技术

活性炭是一种多孔碳质吸附材料，具有巨大的比表面积和高度发达的孔隙结构。它的吸附机理是以物理吸附为主，同时化学吸附也在起作用，可有效去除废水中的有机物、重金属、色度、消毒副产物、臭味、农药等。

活性炭的吸附可分为物理吸附和化学吸附：在吸附过程中，当活性炭分子和污染物分子之间的作用力是范德华力时，称为物理吸附；当活性炭分子和污染物分子之间的作用力是化学键时，称为化学吸附。物理吸附的吸附强度主要与活性炭的物理性质有关，与活性炭的化学性质基本无关。化学吸附一般包含电子对共享或电子转移，而不是简单的微扰或弱极化作用，是不可逆的化学反应过程。物理吸附和化学吸附的根本区别在于产生吸附键的作用力。活性炭的吸附正是上述两种吸附综合作用的结果。由于物理吸附和化学吸附的作用力不同，它们在吸附热、吸附速率、吸附活化能、吸附温度、选择性、吸附层数和吸附光谱等方面表现出一定的差异。

影响活性炭吸附性能的主要因素如下：

（1）活性炭吸附剂的性质。比表面积越大，吸附能力就越强；作为非极性分子，易于吸附非极性或极性很低的吸附质；颗粒的大小、细孔的结构和分布情况、表面化学性质等对吸附也有很大影响。

（2）废水 pH 会对吸附质在水中存在的状态及溶解度等产生影响，从而影响吸附效果。一般来说活性炭在酸性条件下吸附率更高。

（3）共存多种吸附质时，活性炭对某种吸附质的吸附能力比只含该种吸附质的吸附能力差。

（4）温度对活性炭的吸附影响较小。

（5）应保证活性炭与吸附质有一定的接触时间，使吸附接近平衡，充分利用吸附能力。

3. 膜分离技术

膜分离法是指以压力为推动力，依靠膜的选择性将液体中的组分进行分离的方法。膜分离法的核心是膜本身，膜必须是半透膜，即能透过一种物质，而阻碍另一种物质。按照推动力的过程可以分为以浓度差为推动力的过程（透析技术）、以电场力为推动力的过程（电透析）、以静压力差为推动力的过程（微滤、超滤和反渗透等）和以蒸气压差为推动力的过程（膜蒸馏、渗透蒸馏）。按照分离应用领域过程可分为微滤（MF）、超滤（UF）、反渗透（RO）、透析（DS）、电透析（ED）、纳米膜分离（NF）、亲和过滤（AF）和渗透气化（PV）。

膜分离技术的优点如下：

（1）能耗低。膜分离不涉及相变，对能量要求低，与蒸馏、结晶和蒸发相比有较大的差异。

（2）分离条件温和，这对于热敏感物质的分离很重要。

（3）操作方便，结构紧凑，维修成本低，易于自动化。

膜分离技术的缺点如下：

（1）膜面易发生污染，使膜分离性能降低，故需采用与工艺相适应的膜面清洗方法。

（2）稳定性、耐药性、耐热性、耐溶剂能力有限，故使用范围有限。

（3）单独的膜分离技术功能有限，需与其他分离技术连用。

虽然膜分离过程多种多样，性能也各不相同，但是在膜分离过程中有两个参数可以用来表征膜分离过程中的基本特征，分别是渗透性和选择性。

在废水处理方面超滤和微滤应用比较广泛。

4. 气浮法

利用高度分散的微小气泡作为载体黏附于废水中的污染物上，使其浮力大于重力和上浮阻力，从而使污染物上浮至水面形成泡沫，然后用刮渣设备自水面刮除泡沫，实现固液或液液分离的过程称为气浮法。气浮过程的必要条件是在被处理的废水中分布大量细微气泡，并使被处理的污染物质呈悬浮状态，且悬浮颗粒表面应呈疏水性，易黏附于气泡上而上浮。

气浮法使气体呈微气泡状混入含油及各种杂质的污水中，气泡上浮时与水中微小固体颗粒及微油滴黏附在一起，使油、固体颗粒上浮至水面，再被撇油器从水面去除。微气泡的大小与加入的气浮药剂和工艺条件有关。气浮工艺对污染物的去除效率除受污水含盐度、原油性质等因素影响外，还取决于气水比、气量、气泡大小及气泡上升速度等因素。气浮中产生的气泡大小直接决定了气浮工艺的效率，因此控制气泡尺寸是提高气浮效率的关键。

气浮一般分为溶气气浮和诱导气浮两种。

气浮法是制药工业废水处理中的常见工艺，如用于含有庆大霉素、土霉素、麦迪霉素等废水的处理。

1.2.3　生物处理法

生物处理法是利用微生物的生命活动来代谢废水中的有机物，从而达到净化目的的过程。生物处理法在去除废水中呈溶解状和胶体状有机物方面的效率较高，已经成为生活污水和工业废水治理的主要手段。生物处理技术包括好氧技术和厌氧技术，主要有曝气生物滤池、生物接触氧化法、生物流化床、UASB 等。

1. 水解酸化法

水解酸化法是指将废水厌氧生物处理过程控制在厌氧消化的第一阶段，即水解酸化阶段，利用兼性的水解产酸菌将复杂有机物转化为简单有机物，这不仅能够降低污染程度，还能够降低污染物的复杂程度，从而提高后续好氧生物处理的效率。

从机理上讲，水解和酸化是厌氧消化过程的两个阶段，但不同的工艺水解酸化的处理目的不同。在水解酸化—好氧生物处理工艺中，水解目的主要是将原有废水中的非溶解性有机物转变为溶解性有机物，特别是工业废水，主要将其中难生物降解的有机物转变为易生物降解的有机物，提高废水的可生化性，以利于后续的好氧处理。考虑到后续好氧处理的能耗问题，水解主要用于低浓度难降解废水的预处理。在混合厌氧消化工艺中，水解酸化的目的是为混合厌氧消化过程的甲烷发酵提供底物。在两相厌氧消化工艺中，产酸相是将混合厌氧消化中的产酸相和产甲烷相分开，以创造各自的最佳环境。

影响水解酸化的因素主要有以下几方面：

（1）底物的种类和形态。这对水解酸化过程的速率有着重要影响。就多糖、蛋白质和脂肪 3 类物质来说，在相同的操作条件下，水解速率依次减小。同类有机物，分子量越大，水解越困难，水解速率就越小。

（2）水解酸化反应器中的pH。水解酸化微生物对pH的适应性较强，水解过程可在pH达3.5～10.0的范围内顺利进行，但最佳的pH为5.5～6.5。

（3）水力停留时间（HRT）。HRT是水解酸化反应器设计和运行的重要参数。对于单纯以水解为目的的反应器，HRT越长，被水解物质与水解微生物接触时间也就越长，相应地水解效率也就越高。

（4）温度。温度变化对水解反应的影响符合一般的生物反应规律，即在一定的范围内，温度越高，水解反应的速率越大。但研究表明，当温度在10～20℃变化时，水解反应速率变化不大。由此说明，水解微生物对低温变化的适应性较强。

（5）粒径。粒径是影响颗粒性有机物水解酸化速率的重要因素之一。粒径越大，单位重量有机物的比表面积越小，水解速率也就越小。

水解酸化工艺有以下几方面特点：

（1）水解、产酸阶段的产物主要为小分子有机物，可生物降解性一般较好。水解酸化反应可以改变原废水的可生化性，因而有助于减少后续处理的反应时间和能耗。

（2）水解酸化过程可以使固体有机物液化、降解，能有效减少废弃污泥量，其功能与厌氧消化池一样。

（3）不需要密闭池，降低了造价成本，便于维护。

（4）出水无厌氧发酵的不良气味，可改善处理厂的环境。

按反应器内微生物的保持方式，水解酸化反应器可以分为悬浮生长型、附着生长型和复合生长型3种，即活性污泥法、生物膜法及活性污泥/生物膜复合法 3 种。其中，活性污泥法水解酸化反应器有 2 种形式——接触式反应器和污泥床反应器。

水解酸化处理不但显著提高了废水中溶解性有机物的比例和 B/C 的比值，而且改善了废水的可生物降解性，使出水更易于被好氧菌降解，如制药废水、造纸废水、印染和染料废水等经水解酸化处理后，B/C 比值提高，从而改善了废水的可生物降解性。

2．好氧生物处理工艺

好氧生物处理工艺是指利用好氧微生物（包括兼性微生物）在有氧气存在的条件下进行生物代谢，以降解有机物并使其稳定、无害化的污水处理工艺。常见的好氧生物处理工艺有活性污泥法、SBR、厌氧-缺氧-好氧法（A/A/O）、氧化沟、生物接触氧化法等。

活性污泥法为基本的好氧生物处理工艺，其他好氧处理工艺均为活性污泥法的衍生工艺。活性污泥法的处理主体是活性污泥，其中含有大量的活性微生物，与废水结合后污泥中的微生物可对有机物质进行降解。这种技术将废水与活性污泥（微生物）混合搅拌并曝气，使废水中的有机污染物分解，生物固体随后从已处理的废水中分离，并可根据需要部分回流到曝气池中。具体方法是向废水中连续通入空气，经一定时间后因好氧微生物繁殖而形成污泥状絮凝物，其上栖息着以菌胶团为主的微生物群，从而具有很强的吸附与氧化有机物的能力。活性污泥法是污水生物处理的一种方法，可在人工充氧条件下对污水和各种微生物群体进行连续混合培养，形成活性污泥。利用活性污泥的生物凝聚、吸附和氧化作用可以分解去除污水中的有机污染物，使污泥与水分离，大部分污泥再回流到曝气池，多余的部分则从活性污泥系统中排出。

生物接触氧化法的处理主体为生物膜，其中除含有大量活性微生物外，还含有真菌、藻类及原生动物。生物膜需要介质以供给微生物附着，这种介质通常被称为填料，对于生物膜的污染处理效果至关重要。作为生物接触氧化法中最重要的部件，填料需要具备结实耐用、比表面积大且经济的性质。在用生物膜处理污水的过程中，填料对其污染去除能力有明显影响。生物接触氧化法集活性污泥和生物膜法的优势于一体，具有容积负荷高、污泥产量少、抗冲击能力强、工艺运行稳定、管理方便等优点。很多工程采用两段法，目的在于驯化不同阶段的优势菌种，充分发挥不同微生物种群间的协同作用，提高生化效果和抗冲击能力。工程中常以厌氧消化、酸化作为预处理工序，采用接触氧化法处理制药废水。该工艺处理效果稳定、工艺组合合理，随着该工艺技术的逐渐成熟，应用领域也更加广泛。

3. 厌氧氧化法

厌氧生物处理是在无氧或缺氧的环境下，利用厌氧细菌和兼性细菌对有机物进行降解的生物处理方法。在厌氧环境下，废水中的有机物被厌氧微生物分解产生 CO_2 和 CH_4。这个过程可分为 3 个阶段：①水解发酵阶段，即水解菌和酸化菌将难以进行生物降解的大分子有机物转化为易于进行生物降解的小分子有机物的过程；②产氢产乙酸阶段，脂肪酸、醇类等物质在产氢产乙酸菌的作用下被分解为 H_2 和 CO_2；③产 CH_4 阶段，产甲烷菌利用 H_2、CO_2 及乙酸生成 CH_4。其中，产 CH_4 阶段是厌氧消化反应过程中的控制阶段。

国内外处理高浓度有机废水以厌氧法为主，但经单独的厌氧方法处理后出水 COD 仍然较高，一般需要进行后处理（如好氧生物处理）。在处理制药废水中应用较成功的有 UASB、厌氧复合床（UBF）、ABR、水解法等。UASB 反应器具有厌氧消化效率高、结构简单、HRT 短、无须另设污泥回流装置等优点。采用 UASB 法处理卡那霉素、氯霉素、维生素 C、磺胺嘧啶及葡萄糖等制药生产废水时，通常要求 SS 含量不能过高，以保证 COD 去除率在 85%~90%。二级串联 UASB 的 COD 去除率可达 90% 以上。在实际运用过程中，处理高浓度废水时往往将厌氧工艺和好氧工艺结合起来对废水进行处理。

1.2.4　组合处理技术

制药废水，尤其是化学合成类制药废水，因其浓度高、盐分高、成分复杂及处理难度高的特点，单一处理工艺有时不能保证出水效果，常规的污水处理手段很难达到处理要求。对于处理难度较高的制药类废水，往往需要将几种处理工艺手段组合应用，组合工艺主要以化学法和生物法为主体工艺开展，以达到较好的处理效果。具体组合工艺的选择可根据制药废水的水质特点进行选择、试验研究和最终确定。

2／化学合成类制药废水试验研究

为更好地确定各个处理工艺在化学合成类制药废水中应用的可靠性，依托天津某制药公司的化学合成类废水为基础，对采用"预处理+水解+厌氧+好氧+高级氧化"处理工艺的效果进行小试试验研究，为化学合成类制药废水处理工艺选择提供参考及设计依据，也为今后对于此类高浓度制药废水的处理工艺及研究方向提供一定的借鉴和参考意义。

2.1 废水水质

本试验原水为天津市某制药公司的中试废水。生产的产品为拉米夫定。拉米夫定生产工艺主要以薄荷醇、乙醛酸、亚硫酸钠、甲醛等为主要原料，经缩合、环合、取代、还原、中和、精制等工序生产，属于间歇式生产操作。生产过程中产生的废水主要为缩合段废水和取代段废水（表 2-1）。

表 2-1　试验原水水质

废水产生工序名称	COD/（mg/L）	pH
缩合段	13 000～16 000	6.45～9.12
取代段	78 000～130 000	5.84～8.46

本试验采用缩合段废水、取代段废水和生活污水的混合水作为试验进水,根据企业产生的各个污水的水量进行配比,再根据各个工序试验启动所需要的进水浓度进行二次稀释。各处理工序段的进水情况详见以下各工序段说明。

2.2 小试试验工艺的确定

由于合成类废水污染物种类很多、成分复杂,有机污染物浓度高且为间歇式生产,导致废水的水质和水量波动大、冲击负荷大,故此类废水对处理系统的要求很高。考虑到厌氧反应器能够承受更高的进水有机物浓度和负荷,能耗低,可回收能源,并且厌氧反应技术是"国家重点推广的应用技术",因此厌氧反应工艺是处理此类废水的最佳选择。但经过厌氧处理后的出水残留 COD、BOD_5 浓度往往较高,色泽较深,带有臭味,采用好氧处理法可以在一定程度上克服这些缺点,所以一般将厌氧法和好氧法组合应用。

此外,考虑废水中难降解有机物的浓度较高、废水性质复杂,单纯依靠生化处理不能达到理想的处理效果,为了保证废水经处理后可以长期稳定达标排放,采用催化氧化反应作为废水处理后的达标保障工艺。

根据此类废水的水质特点,结合以往类似工程经验,采用国内外化学合成类制药废水成功治理的案例技术路线,并且本着技术先进、可靠的原则,本试验采用"水解酸化+厌氧反应+两级好氧反应+催化氧化保障工艺"组合工艺作为此类废水的达标主体工艺。如果经生化处理后废水仍然具有较高的浓度,可以采用催化氧化法进一步去除难降解污染物，以保证整套污水处理系统的有效性。

2.3 小试试验工艺流程及试验装置

试验废水处理工艺流程如图 2-1 所示，装置如图 2-2 所示。

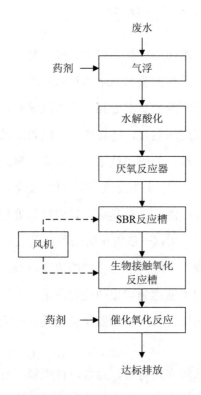

图 2-1 试验废水处理工艺流程

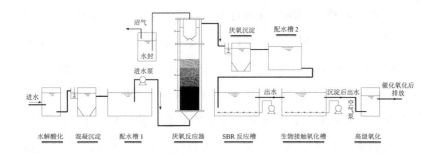

图 2-2 试验装置

气浮试验采用一组烧杯做静态对比试验，进水为配置好的试验废水。通过不同药剂投加量的组合、不同的 pH 下出水水质的对比来确定最佳的反应条件。

配制好的试验废水首先进入水解酸化反应槽，在槽内投加少量活性污泥，起始停留时间定为 8 小时，在酸化反应槽内进行搅拌，以保证污泥与污水具有充分的接触时间。酸化处理后的污水需手动倒入配水槽内。

配水槽 1 作为厌氧反应器的缓冲槽，利用泵将槽内废水提升至厌氧反应器内。槽内设置加热棒，加热试验废水使温度控制在（35±2）℃。

厌氧反应器为 UASB 反应器，总有效容积为 15.9 L，通过电伴热进行加热保温，温度控制在（35±2）℃。废水经计量泵由反应器底部注入，在顶部溢流出水。产生的沼气经水封瓶后排出。

厌氧反应器出水自流进入配水槽 2。配水槽 2 作为厌氧反应器和 SBR 反应池的缓冲池，主要作用是方便在小试试验过程中的人工操作。

SBR 反应槽采用间歇式运行方式,容积为 1 L,废水按进水、曝气、静沉、出水周期运行。根据此类废水水质特点,本方案采用的是 SBR 的改进工艺——循环式活性污泥法(CAST)。试验废水进入反应槽后,设置搅拌时间为 1 小时(此时间可以根据实际的氨氮检测指标进行调整),使废水处于缺氧状态,此段相当于 CAST 反应工艺的缺氧段(A 段),之后进入曝气、静沉、出水工序。在废水处理过程中,CAST 反应槽的进水负荷可以通过进水流量手动调节。试验装置容积见表 2-2。

表 2-2　试验装置容积

装置名称	反应器容积/L	备注说明
预酸化槽	—	根据情况人为调节停留时间
UASB 反应器	15.9	—
配水槽	5	—
SBR 反应槽	1	利用进水流量调节反应槽的停留时间
生物接触氧化槽	1	利用进水流量调节反应槽的停留时间
催化氧化反应	—	利用生物接触氧化反应沉淀后出水进行烧杯试验

废水经 SBR 反应槽处理后进入第二级好氧段——生物接触氧化槽。生物接触氧化槽是在低负荷条件下运行的,利用世代时间长的微生物菌群对废水中还没去除的有机污染物进行进一步处理,以保证出水水质。

试验废水经过生化处理后检测出水的 COD_{Cr}:如果 COD_{Cr} 高于

300 mg/L，则采用催化氧化法对出水进行深度处理，以保证出水可以稳定达到排放要求。催化氧化处理采用烧杯试验，并且以此确定相应的工艺参数。

2.4　结果与讨论

2.4.1　气浮试验

气浮试验采用烧杯做静态试验，在不断搅拌的情况下加入一定量的絮凝剂，反应一段时间后用定性滤纸过滤，考察出水 COD 及 SS 的去除情况。在试验中考察不同温度、加药量和停留时间等条件下的出水情况，以确定最佳的反应条件。

采用正交试验，考察条件分别为 pH、聚合氯化铝（PAC）投加量、聚丙烯酰胺（PAM）投加量（表 2-3）。反应水样为 500 mL，反应温度为 30℃，反应时间为 30 分钟，PAC 体积分数为 4%，PAM 体积分数为 1‰。

表 2-3　试验条件及水平

水平 因素	1	2	3
pH	6	7	7.5
PAC/mL	0.2	0.8	1.4
PAM/mL	0.05	0.2	0.4

由正交试验（表 2-4）可以看出，当 pH 为 7.5、PAC 投加量为 1.4 mL、PAM 投加量为 0.2 mL 时，混合废水的气浮试验效果达到最

佳。最大的 COD 去除率达 26.47%。

表 2-4 正交试验

试验号 \ 因素	pH	PAC	PAM	COD 去除率/%
1	1	1	1	11.32
2	1	2	2	15.28
3	1	3	3	17.62
4	2	1	2	21.06
5	2	2	3	22.85
6	2	3	1	21.5
7	3	1	3	21.78
8	3	2	1	24.15
9	3	3	2	26.47
K_1	44.22	54.16	56.97	—
K_2	65.41	62.28	62.81	—
K_3	72.4	65.59	62.25	—
k_1	14.74	18.05	18.99	—
k_2	21.80	20.76	20.94	—
k_3	24.13	21.86	20.75	—

2.4.2 水解酸化试验

水解酸化试验进水采用配制的混合水，经过加药气浮后进入水解酸化反应器。进水 COD 从 2 000 mg/L 开始，待去除率稳定之后再逐步提升，最终水解酸化的进水 COD 提升至 16 000 mg/L。进水方式采用间歇式进水。

从图 2-3 可以看出，水解酸化试验的运行比较稳定。每次进水的 COD 质量浓度按 20% 提升，系统的 COD 去除率基本稳定在 20%～25%。

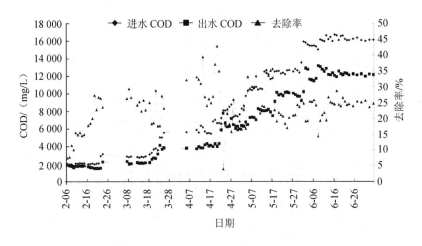

图 2-3 COD 的去除效果

水解试验启动时进水 COD 为 2 000 mg/L，初始阶段停留时间为 12 小时。经过一段时间的驯化后，系统的 COD 去除率稳定在 15% 左右。自 2 月 15 日开始，将停留时间调整为 24 小时。调整前后系统的 COD 去除情况如图 2-4 所示。

从图 2-4 可以看出，调整之后系统的 COD 去除率有一个明显的上升过程，最终稳定在 20%～25%。待系统的 COD 去除率稳定后，提升进水 COD 质量浓度，每次提升 20%。直至将进水 COD 提升至 16 000 mg/L，系统的 COD 去除率仍稳定在 20%～25%。自 6 月 25 日开始，将系统的停留时间调整为 36 小时。调整后系统的 COD 去除率变化见图 2-5。

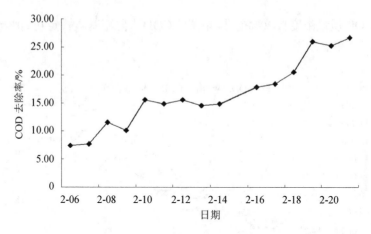

图 2-4　不同 HRT 下 COD 去除率

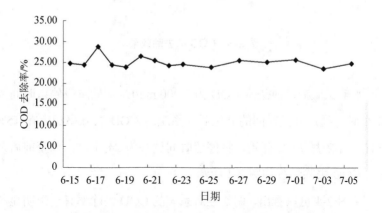

图 2-5　36 小时 HRT 下 COD 去除率

　　从图 2-5 可以看出，停留时间调整后系统的 COD 去除率基本保持稳定，没有明显变化。通过以上试验对比可以发现，水解系统的停留时间在 12～24 小时变化时，水解系统的 COD 去除率随停留时间的上升而增加；当停留时间大于 24 小时时，系统的 COD 去除率基本不再随停留时间的变化而变化。所以，针对本试验所用混合废水，水解系统的最佳停留时间为 24 小时。

2.4.3　混凝沉淀试验

由于水解出水带出部分污泥，增加了水中悬浮物的浓度，且在水解过程中有部分硫酸盐被还原为硫化氢。如果直接进入厌氧系统，会对厌氧系统造成较大的影响，所以需要在进入厌氧系统前进行相应的前处理。根据水解出水的实际情况，决定采取混凝沉淀的方式处理。

因为需要去除硫化氢，所以选择铁盐作为絮凝剂并加入一定量的 PAM 助凝。通过试验确定絮凝剂和助凝剂的最佳投加量及最佳反应时间。根据投加絮凝剂后产生的沉淀情况，可以判断水中硫化氢的含量，采用逐步投加的方式来确定铁盐的投加量。

1.　铁盐投加量试验

根据前期试验发现，H_2S 及 COD 的去除仅与铁盐的投加量有关。所以试验通过检测 COD 去除率的变化来确定铁盐的最佳投加量。试验用铁盐为 $FeCl_3$，浓度为 1 mol/L；试验用水样 500 mL，pH 为 6.8～7.5。

从图 2-6 可以看出，当铁盐投加量达到 2.5 mL 后，COD 的去除率不再有太大变化。从试验过程中观察沉淀的生成情况发现，铁盐投加量达到 1.5～2.0 mL 后就不再有明显的黑色沉淀生成，说明此时硫化氢已经基本去除。由此可以得出，铁盐的最佳投加量为 2.5 mL，最大 COD 去除率为 14.5%。

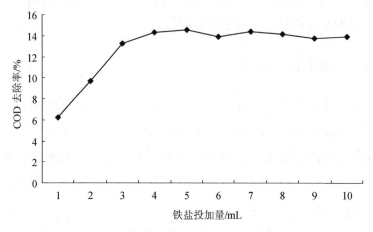

图 2-6 不同铁盐投加量下 COD 去除率

2．PAM 投加量试验

投加 PAM 主要是为了改善絮凝效果，以减少沉淀时间。该试验通过观察不同 PAM 投加量下的絮体情况及沉淀时间来确定最佳的 PAM 投加量。试验用 PAM 为阳离子型，体积分数为 1‰；试验用水 1 L，水深 0.4 m。

从图 2-7 可以看出，PAM 投加量达到 0.6～0.8 mL 时沉淀时间降至最低。试验过程中发现，当 PAM 投加量在 0.2～0.4 mL 时，絮体矾花较小，沉淀后的水中仍有部分细小的悬浮颗粒；当 PAM 投加量达到 1.4～1.6 mL 时，会有部分絮体上浮，影响沉淀效果。

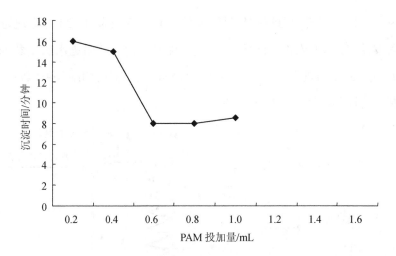

图 2-7　不同 PAM 投加量下的沉淀时间

　　根据试验结果可以得出，在水解出水的絮凝沉淀反应中，最佳铁盐投加量为 5 mL/L（铁盐浓度为 1 mol/L），最佳 PAM 投加量为 0.6～0.8 mL/L（PAM 体积分数为 1‰），最佳反应及沉淀时间为 8～15 分钟。

2.4.4　厌氧试验

　　当水解酸化进水 COD 在 16 000 mg/L 左右时，出水 COD 稳定在 12 000～12 500 mg/L，经混凝沉淀后出水 COD 为 10 000～10 500 mg/L。所以，考虑通过厌氧反应进一步去除 COD，以降低好氧系统的进水负荷。

　　厌氧试验装置是一套实验室小型 UASB 反应器（图 2-8），包括一套进水配水系统、进水及内循环泵路系统、自动温控系统、反应区、三相分离器和沼气收集过滤系统，有效容积为 15.2 L。系统进水按设定浓度配制完成后储存在进水配水池内，并由进水加热系统加热到 35℃后进入 UASB 反应器。UASB 反应器内的温度由恒温控制系统控制保持在（35±1）℃。

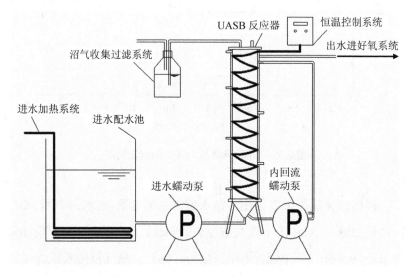

图 2-8　厌氧反应系统

1. 反应器运行情况

反应器 2 月 15 日开始运行，2 月 20 日开始取样，共运行 220 天。在试验过程中，2 月 20 日至 7 月 19 日每天取样一次，自 7 月 21 日起每两天取样一次。在反应器运行过程中，初始容积负荷为 2 kg/（m³·d），待运行稳定后再逐步提高进水浓度，采用连续进水方式。具体运行数据如图 2-9 所示。

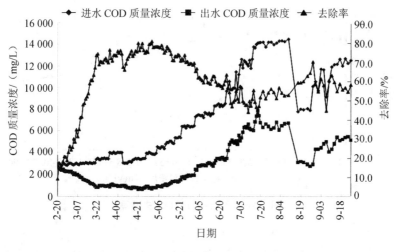

图 2-9　厌氧反应器运行数据

2. 反应器运行结果

厌氧试验所用污泥为某生物制药企业污水处理站的厌氧污泥。2月20日至4月9日，系统所用试验废水为天津某化学制药企业的生产废水。启动初期，系统的容积负荷为 1.5 kgCOD/（m³·d）。从4月10日开始，采用经过水解及混凝沉淀后的出水作为试验用水，逐步提升进水 COD 浓度，并调整系统的停留时间，通过试验确定厌氧系统的最佳运行参数。

根据前期某化学制药企业的生产废水试验经验，初步确定厌氧试验系统的停留时间为 48 小时。试验启动时进水 COD 质量浓度为 3 000 mg/L，待系统运行稳定后逐步提升进水 COD 质量浓度。不同进水浓度下的平均 COD 去除率数据如图 2-10 所示。

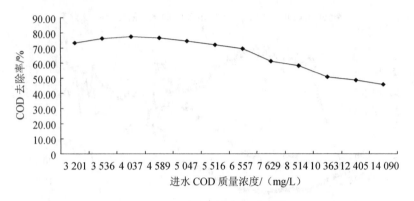

图 2-10　厌氧系统 COD 去除率

从图 2-10 可以看出，当进水 COD 质量浓度从 3 000 mg/L 提升至 4 000 mg/L 时，系统的 COD 去除率不断上升。平均进水 COD 为 4 000 mg/L 时，系统的 COD 去除率达到最高，平均为 77.7%。当系统的进水 COD 质量浓度高于 4 000 mg/L 以后，系统的 COD 去除率随着进水浓度的提高不断降低。进水 COD 质量浓度提升至 14 000 mg/L 时，系统的平均 COD 去除率为 45.78%。

进水 COD 质量浓度为 4 000 mg/L 时，系统的容积负荷为 2 kg COD/（m^3·d）左右；当进水 COD 质量浓度提升至 14 000 mg/L 时，系统的容积负荷已经达到 7 kgCOD/（m^3·d）以上，COD 去除率明显下降。所以从 7 月 20 日开始调整系统的停留时间，由原来的 48 小时调整至 72 小时。调整后系统的容积负荷降至 4～5 kgCOD/（m^3·d）。调整前后系统的 COD 去除率如图 2-11 所示。

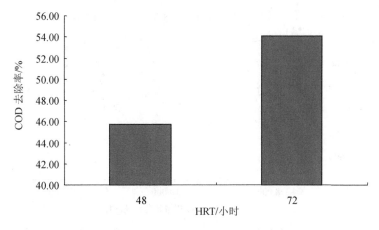

图 2-11　不同 HRT 下 COD 的去除率

图 2-11 中，不同 HRT 下平均进水 COD 均为 14 000 mg/L。当 HRT 为 48 小时时，系统的 COD 去除率为 45.8%；而当 HRT 提高至 72 小时时，系统的 COD 去除率上升至 54.1%。

在进水 COD 质量浓度为 14 000 mg/L 的情况下，调整 HRT 后系统的 COD 去除率有较明显的变化。所以考虑在低进水质量浓度下也将 HRT 调整为 72 小时，观察系统的运行情况及 COD 去除率情况。试验结果如图 2-12 所示。

从图 2-12 可以看出，当进水 COD 质量浓度为 8 000 mg/L 时，48 小时和 72 小时的 HRT 下，系统的 COD 去除率基本没有变化，而随着进水 COD 的升高，不同 HRT 下的 COD 去除率的差距也逐渐增大。进水 COD 质量浓度为 10 000 mg/L 时，72 小时的 HRT 下系统的去除率比 48 小时高出 6%；当进水 COD 质量浓度为 12 000 mg/L 时，72 小时的 HRT 下系统的去除率比 48 小时高出 7.5%。

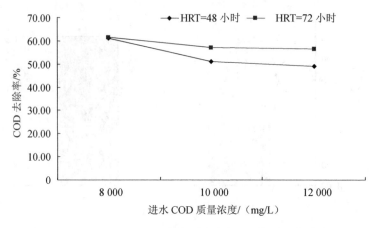

图 2-12　不同 HRT 及进水质量浓度下厌氧系统去除率

　　由于本试验装置容积相对较小，为了保证足够的 HRT 及上升流速，在试验过程中一直设有内回流，回流比在 3～6 倍。通过在试验过程中调整内回流比发现，其对系统的去除率没有太大影响。

　　综上所述，对于本试验研究的混合废水，当进水 COD 质量浓度低于 8 000 mg/L 时，系统的 HRT 可以设置为 48 小时；而当进水 COD 质量浓度为 8 000～14 000 mg/L 时，系统的 HRT 宜设置为 48～72 小时。系统运行过程中应设置 3～6 倍的内回流。

2.4.5　厌氧沉淀试验

　　由于经过水解反应后的混合水仍含有一定量的硫酸盐，通过厌氧反应后会产生硫化氢及硫化物。硫化物溶解在废水中会使废水的 COD 值升高，并且会对后续好氧系统的运行产生影响，所以需要在厌氧出水进入好氧系统之前将其去除。本阶段的试验方法基本与水解后的混凝沉淀相同，投加的试剂为铁盐和 PAM。

由于不同批次的混合废水中的硫酸盐含量变化较大，经过厌氧反应后出水中含有的硫化物的含量不相同，且厌氧出水中带出的悬浮污泥量变化也较大，所以试验中试剂投加量没有明显规律。试验过程中采用逐步投加的方式加入铁盐，边投加边搅拌，直至不再产生沉淀为止。然后继续搅拌，并加入一定量的 PAM，搅拌 5～10 分钟后沉淀。

试验中投加的铁盐 $FeCl_3$ 浓度为 1 mol/L，试验中投加量为 1～8 mL/L 水样；PAM 体积分数为 1‰，投加量为 0.5～0.8 mL/L 水样。

通过对试验后出水的测定发现，沉淀试验对废水中 COD 的去除率为 4%～15%。

2.4.6　一级好氧试验

从水解及厌氧反应器运行结果来看，当初始进水 COD 质量浓度为 16 000～20 000 mg/L 时，厌氧反应器的出水 COD 基本稳定在 4 000 mg/L，BOD 值为 1 000 mg/L，所以决定采用好氧方式对厌氧反应器出水进行进一步处理。由于进水 COD 在 4 000 mg/L 左右，相对偏高，且考虑到实际工程中可能会存在水质变化较大的情况，所以在选择好氧处理工艺时考虑了 SBR 及普通曝气两套方案。

1. SBR 试验

SBR 是一种按间歇曝气方式来运行的活性污泥污水处理技术，又称序批式活性污泥法。与传统污水处理工艺不同，SBR 技术采用时间分割的操作方式替代空间分割的操作方式，用非稳态生化反应替代稳态生化反应，用静置理想沉淀替代传统的动态沉淀。它的主要特征是运行上的有序和间歇操作，其核心是 SBR 反应池，该池集均化、初沉、生物降解、二沉等功能于一池，无污泥回流系统。正是 SBR 工艺这些特殊性使其具有以下优点：

（1）理想的推流过程使生化反应推动力增大、效率提高，池内厌氧、好氧处于交替状态，净化效果好；

（2）运行效果稳定，污水在理想的静止状态下沉淀，需要时间短、效率高，出水水质好；

（3）耐冲击负荷，池内有滞留的处理水，对污水有稀释、缓冲作用，可有效抵抗水量和有机污物的冲击；

（4）工艺过程中的各工序可根据水质、水量进行调整，运行灵活；

（5）处理设备少、构造简单，便于操作和维护管理；

（6）反应池内存在 DO、BOD_5 浓度梯度，有效控制活性污泥膨胀；

（7）SBR 工艺系统本身也适合于组合式构造方法，有利于废水处理厂的扩建和改造；

（8）适当控制运行方式，实现好氧、缺氧、厌氧状态交替，具有良好的脱氮除磷效果；

（9）工艺流程简单、造价低，主体设备只有一个序批式间歇反应器，无二沉池、污泥回流系统，调节池、初沉池也可省略，布置紧凑、占地面积省。

本试验初期投加的好氧污泥为某制药厂污水处理系统的好氧污

泥。由于进水 COD 高，所以设置反应时间为 10 小时，静置沉淀及排水时间为 1 小时，再次进水后静置 1 小时，然后开始下一个反应周期的运行。反应系统的处理效率如图 2-13 所示。

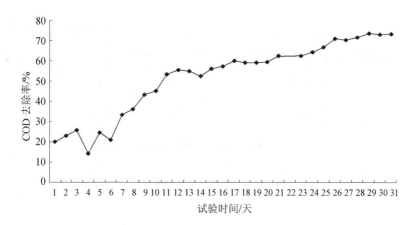

图 2-13　SBR 工艺的 COD 去除率

从图 2-13 可以看出，1～12 天为系统适应稳定阶段，COD 去除率逐渐升高；12～22 天，系统的 COD 去除率基本稳定在 45%～60%。为了进一步提高去除率，从第 23 天开始，将系统的下一个反应周期由 12 小时调整为 24 小时；调整 HRT 后，系统的 COD 去除率有一个明显的上升过程，至第 28 天，系统的去除率基本稳定在 70%～74%。试验进水 COD 保持在 4 500 mg/L 左右，经 SBR 系统后出水 COD 维持在 1 200～1 300 mg/L。

2. 普通曝气试验

由于考虑到 SBR 工艺在实际运行中的操作控制复杂，且占地面积较大,所以同时对厌氧系统的出水进行了普通曝气的好氧试验。考虑到本试验水质的特殊情况,对普通曝气工艺进行了一定的改进。将反应器分为两段,微氧段和好氧曝气段。反应系统如图2-14所示。

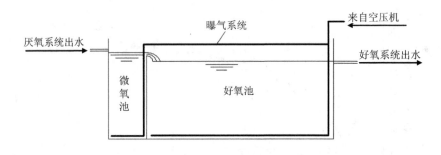

图 2-14　普通好氧反应系统

微氧池主要起搅拌混合作用,通过调整空压机供气量可将该段的溶解氧量控制在 1 mg/L 左右,停留时间为 4 小时。第二段为好氧曝气段,停留时间为 20 小时,溶解氧量为 3~5 mg/L。系统运行情况如图2-15所示。

根据 SBR 试验的经验,在普通曝气试验过程中将 HRT 一直设置为 24 小时。进水 COD 仍由 2 000 mg/L 开始逐步提升,到第 27 天进水 COD 已提升至 4 500 mg/L 左右。从图2-15可以看出,随着试验的进行,系统的去除率保持着一定的提升。到第 28 天以后,系统的去除率基本保持稳定,维持在 70%。

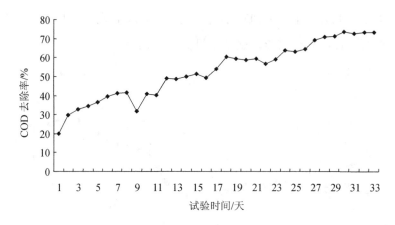

图 2-15　普通曝气工艺的 COD 去除率

试验过程中有污泥流失的情况存在，需要每隔两天将后续处理系统中的部分沉淀污泥回流补充至好氧系统中，否则会导致好氧系统中的污泥量不足。在系统运行的前期（10～12 天）就因为污泥流失较多、系统的污泥负荷突然升高而出现了轻微的污泥膨胀。

两套系统的好氧试验研究对比发现，SBR 系统对水质的适应较快，去除率上升快，最终的去除率能够达到 70%；普通曝气系统的去除率上升较为缓慢，且需要污泥回流，但最终的去除率也能稳定在 70%。二者对试验废水在去除效率上没有太大差别，但综合考虑二者的占地、投资及运行管理等因素，建议选择经过改进的普通曝气工艺。

2.4.7　二级好氧试验

经过一级好氧试验后，废水的 COD 已经降至 1 200 mg/L 左右。

经测定，此时废水的 BOD 已经降低至 250 mg/L 左右。接下来，对其进行了接触氧化试验，试验结果如图 2-16 所示。

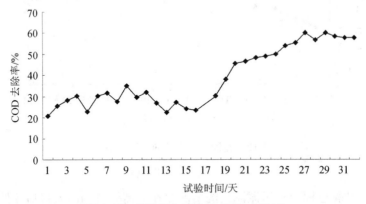

图 2-16　接触氧化试验的 COD 去除率

试验进水 COD 为 1 200～1 400 mg/L，本试验分为 2 个阶段，1～17 天为第一阶段，此阶段的停留时间为 24 小时，COD 平均去除率维持在 30%左右；19～31 天为第二阶段，此阶段将系统停留时间延长至 60 小时，去除率有一定上升，调整后的平均去除率为 50%～60%。经接触氧化反应系统后，出水 COD 维持在 500～600 mg/L。

2.4.8　催化氧化试验

化学合成类废水相对复杂、处理相对困难，虽然采用较长及稳妥的处理工艺保证污水处理后的达标排放，但由于化学合成的工序较为复杂，间歇式生产方式在生产或是废水处理系统运行过程中可能会出现不利于达标排放的情况。为了保证污水经处理后可以 100%

达标排放，在常规的污水处理系统后增加了污水处理保障工艺。当废水水质不稳定时，可以将出水进行深度处理以保证达标排放。

通过分析，最终的深度处理工艺建议采用催化氧化处理方法，该方法是降解废水中污染物的有效方法，也是国家先进的污染防治示范技术。

在本试验方案中采用了 2 种氧化剂进行比较分析，分别是自行配制的氧化剂和次氯酸钠，试验采用质量浓度为 500～800 mg/L 的废水（好氧反应处理水配置而成）进行。催化氧化反应作为整个污水处理工艺的保障工艺，过长的反应时间会增加实际工程投资及运行费用，因此本试验的试验反应时间为 2 小时、4 小时、6 小时、8 小时。

1. 采用次氯酸钠作为强氧化剂

本着经济、容易操作等原则，强氧化试验首先采用次氯酸钠作为氧化剂。通过多组试验发现，次氯酸钠无法在短时间内将废水中难降解的有机物完全降解。同时，增加次氯酸钠的投加量，并配合使用助凝剂，废水的处理效果也没有明显的好转。试验数据显示，采用氧化性较差的氧化剂（如次氯酸钠等）无法将废水中的有机污染物降解完全并且达到出水标准排放。

因此，采用与次氯酸钠等效的氧化剂作为三级处理的强化工艺不可取。表 2-5 为采用次氯酸钠作为强氧化剂的部分典型试验数据。

表 2-5　次氯酸钠氧化试验

反应时间/小时	2	4	6	8
出水 COD_{Cr}/（mg/L）	652	645	639	630
备注	本试验的原水进水污染物质量浓度为 680 mg/L			

2．采用自行配置的氧化剂进行试验

常规的强氧化剂并没有办法完成三级处理的要求，对化学合成类废水并没有较好的处理效果。到目前为止，对于化学合成类废水并没有发现较好的氧化剂，所以项目组根据此类废水的特点自行配置了强氧化剂，对此类废水的各种反应条件和投加量进行摸索。

通过试验摸索发现，时间越长处理效果越好，但是过长的停留时间会造成将来实际工程的投资及运行费用的增加，典型的试验数据详见表 2-6 和图 2-17。

表 2-6　配置氧化剂试验

投加量 反应时间/小时	平均出水水质/（mg/L）		
	投加量一时	投加量二时	投加量三时
2	449.89	309.25	215.46
4	384.78	290.75	176.11
6	339.11	230.84	150.82
备注	本次进水污染物质量浓度为 800 mg/L		

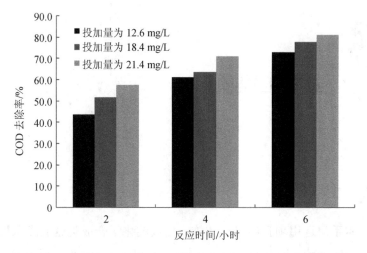

图 2-17　不同反应时间和投加量下自行配制的氧化剂的去除效果

　　试验结果显示，自行配置的催化氧化剂对化学合成类废水具有很好的处理效果，并最终确定催化氧化反应的最佳时间为 6 小时，而药剂的投加量和反应条件需要根据实际产生的废水进行试验确定。

3 典型工程项目

3.1 工程概况

本手册选用项目组设计和施工完成的化学合成类企业废水处理项目作为典型工程案例。该企业的主要产品包括医药化学制剂、中药提取和原料药产品，废水处理规模为 $600\ m^3/d$，其中，生产废水为 $100\ m^3/d$，生活污水为 $500\ m^3/d$。

3.1.1 水质分析

废水来源分类如下：

（1）母液类，包括各种结晶母液、转相母液、吸附残液等；

（2）冲洗废水，包括过滤机械、反应容器、催化剂载体、树脂、吸附剂等设备及材料的洗涤水；

（3）回收残液，包括容积回收残液、前体回收残液、副产品回收残液等；

（4）辅助过程排水及生活污水。

3.1.2 污水处理系统设计进水水质

项目厂区内的废水主要由生产车间工艺废水、纯水制备排水、生活污水及循环系统排水等组成。其中，生产废水主要包括各个产品的各个生产工序产生的离心甩滤母液、母液水相废水、回收母液废水、冷凝水、真空泵排水、设备及地面冲洗水等。废水中的主要污染因子为 pH、COD、氨氮、SS、色度。污水进水水质见表 3-1。

3.1.3 污水处理系统设计出水水质

污水经处理后出水水质相关指标应满足表 3-2 的要求。

3.1.4 工艺流程图

项目中高浓度生产废水预处理工艺采用"隔油调节池+气浮+高级氧化+气浮"组合工艺。预处理水与低浓度的综合污水混合进入后续的生化处理工艺。

混合污水主体处理工艺采用"水解酸化+高效生物膜池"组合生化处理工艺。活性炭过滤器作为废水处理的保障工艺，废水经处理达标后排入市政管网。污泥处理采用直接浓缩脱水处理，之后外运处置。工艺流程如图 3-1 所示。

表3-1　废水进水水质

单位：mg/L

| 产生源 | 名称 | 污染物质量浓度 | | | | | | | | 排放规律 |
		COD	BOD	SS	氨氮	甲苯	三氯甲烷	动植物油	色度	
产品一	合环淋洗中和废水	8 000~9 000	6 000	100						间歇
	烷基化粗品淋洗废水	3 000~4 000	1 500~2 000	100						间歇
	烷基化粗品水洗废水	1 500~2 000	800~1 500	100						间歇
	甲磺化水层废水	7 000	2 000							间歇
	设备清洗废水	7 000	3 000	200		100	100			间歇
产品二	中和废水	3 000~4 000		300~500						间歇
	设备清洗废水	5 000~6 000	2 000~3 000	200~300		150				间歇
产品三	精制冷凝废水	12 000~15 000	8 000							间歇
	设备清洗废水	5 000~6 000	2 000~3 000	200~300						间歇

产生源	名称	污染物质量浓度								排放规律
		COD	BOD	SS	氨氮	甲苯	三氯甲烷	动植物油	色度	
中药车间	前处理工序清洗废水	500~2 000	300~800	200~800	15~80			60~250		间歇
	提取蒸馏废水	500~1 000	300~500	50~80						间歇
	设备及车间清洗水	300~500		50~80						间歇
制剂车间	地面冲洗水	50~80		40~60						间歇
	设备冲洗水	500~700	150~200	≤100						间歇
科研楼	科研楼试验室废水	≤300	≤200	≤250	≤30					—
其他	生活污水	250~350	200	350	≤30					间歇
	循环水系统排水			200						间歇

表 3-2 废水出水水质 单位：mg/L

污染物	排放限值
BOD_5	300.0
pH	6.0～9.0
氨氮	35.0
总磷	3.0
甲苯	0.5
三氯甲烷	1.0
动植物油	100.0
COD_{Cr}	400.0

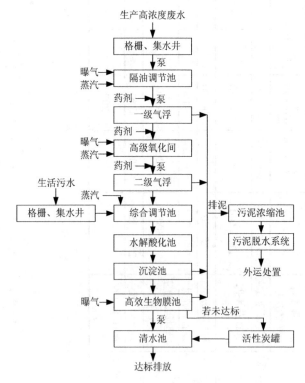

图 3-1 污水处理工艺流程

3.2 单元工艺系统设计说明

3.2.1 集水井

1. 工艺说明

项目污水的来源分为生产废水及生活污水，由于污水水质不同，相应的预处理工艺也不同，因此针对两种污水，在进入污水处理站前，分别建格栅及集水井，每处格栅设置两道，为粗格栅和细格栅。粗格栅采用人工格栅，细格栅采用机械格栅。设置格栅的目的是用粗格栅去除污水中大的悬浮物和漂浮物，减轻后续处理设施的运行负荷，用细格栅进一步去除污水中的悬浮物和漂浮物，防止废水中大颗粒物质进入后续处理构筑物，以减轻后续处理构筑物的负荷，防止设备堵塞。集水井的作用是汇集厂区污水，并利用污水提升泵提升至下一个处理构筑物。

2. 池体基本参数

（1）生产废水格栅及集水井

设计流量：100 m³/d。

结构类型：地下钢混凝土结构。

防腐：玻璃钢防腐。

格栅井有效尺寸：6.0 m×0.6 m×6.3 m。

集水井有效尺寸：6.0 m×2.0 m×6.3 m。

数量：1座。

（2）综合污水格栅及集水井

设计流量：500 m³/d。

结构类型：地下钢混凝土结构。

格栅井有效尺寸：6.0 m×0.6 m×6.3 m。

集水井有效尺寸：6.0 m×3.5 m×6.3 m。

数量：1 座。

3．设备基本参数

（1）生产废水格栅及集水井

①人工格栅

尺寸：B =600 mm。

材质：玻璃钢。

数量：1 台。

②机械格栅

数量：1 台。

设备类型：循环齿耙式机械格栅。

格栅宽度：500 mm。

渠宽：600 mm。

渠数：1 条。

栅条间距：b =1 mm。

格栅倾角：α =70°。

栅前水深：4.00 m。

功率：0.75 kW。

③化工泵

数量：2 台。

工作方式：1 用 1 备。

流量：$Q=5\ m^3/h$。

扬程：$12.0\ m\ H_2O^①$。

功率：1.1 kW。

（2）综合污水格栅及集水井

①人工格栅

尺寸：$B=600\ mm$。

材质：玻璃钢。

数量：1台。

②机械格栅

数量：1台。

设备类型：循环齿耙式机械格栅。

格栅宽度：500 mm。

渠宽：600 mm。

渠数：1条。

栅条间距：$b=3\ mm$。

格栅倾角：$\alpha=70°$。

栅前水深：4.00 m。

功率：0.75 kW。

③潜污泵

数量：2台。

工作方式：1用1备。

流量：$Q=25\ m^3/h$。

---

① $1\ m\ H_2O=9.806\ 65\ kPa$。

扬程：12.0 m H$_2$O。

功率：3.0 kW。

4．污水提升泵的运行

以生产废水集水井系统操作为例（生活污水集水井系统参照本系统操作），池体分别设定高、中、低 3 种液位，根据集水井及调节池的液位连锁控制泵的启停，为适应进水水量变化，3 种液位高度可根据实际来水变化进行调整。化工泵启动前须确认相应阀门处于准确状态（化工泵出口蝶阀、隔油调节池进水蝶阀处于开启状态）。远程操作界面如图 3-2 所示，相应阀门位置如图 3-3、图 3-4 所示。

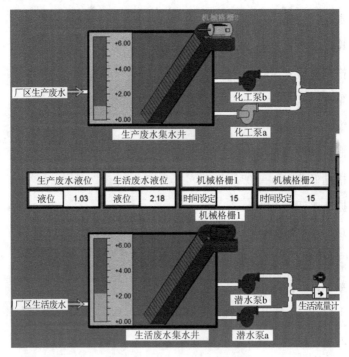

图 3-2　集水井远程操作界面

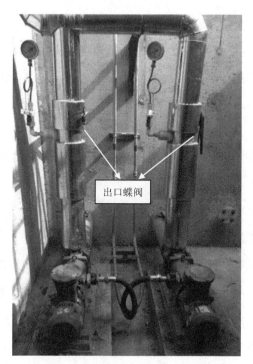

图 3-3 集水井化工泵出口阀门位置

图 3-4 隔油调节池阀门位置

（1）化工泵的启动条件

当集水井的液位达到中液位、隔油调节池的液位未达到中液位时，化工泵开启一台；当集水井的液位达到高液位、隔油调节池的液位未达到中液位时，化工泵开启两台。

（2）化工泵的停止条件

当集水井的液位达到低液位时，泵停止；当隔油调节池的液位达到高液位时，泵停止。

5. 循环式齿耙清污机的运行

（1）工作原理

在驱动机构传动下，链轮牵引整个环形格栅组以 2 m/min 左右的速度回转；环形格栅组的下部浸没在过水槽内，栅耙齿携水中杂物沿轨道上行，带出水面；当到达顶部时，因弯轨和链轮的导向作用，相邻耙齿间产生相互错位推移，把附在栅面上的大部分污物外推，污物靠自重卸入污物盛器内；其余黏挂在齿上的污物在回转至链轮下部时，清洗装置做反向旋转刷洗，把栅面污物清除干净。

（2）设备结构及用途

设备结构：循环式齿耙清污机主要由机架、牵引链、传动系统、钩形齿耙组、水下导轮等装置组成。

机架：框架及机架护罩均采用经过热浸镀锌处理的高强度低合金型钢焊接而成，焊接后整体喷涂环氧树脂进行防腐处理，美观大方、防腐性好。此外，护罩上留有适度的开启门以便于操作和维修，且开启门备有锁扣装置。

牵引链：牵引链条采用全不锈钢材质以保证水下工作无锈蚀、

免维护。链条采用特制宽链板不锈钢，其安全系数不小于6，并设有链条张紧调节装置。链条与链槽形成封闭状态，可有效防止栅渣入链槽，避免了卡阻现象。

传动系统：驱动部分采用优质减速器，不锈钢制的传动机构用标准型链条和链轮装置带动链轮旋转，以保证两侧的传力链板受力均衡，在矩形轨道上平行向上运动，并用介于两根链板上的耙齿缓慢地向上耙污。

钩形齿耙组：耙齿材质采用不锈钢制作，利用链条在导轨上移动的方式将耙齿向上牵引，耙齿运行的速度不大于 5.0 m/min。耙齿若采用尼龙材料均需经专用模具一次性压铸成形，以保证耙齿的强度不易变形。

水下导轮：下部的不锈钢链轮应设计成防磨损和防腐蚀的封闭形，上部链轮能调节，以张紧牵引链条。

（3）开机前的准备

启动设备前，应检查格栅机传动机构是否完好，紧固螺钉、螺母是否牢固，设备周围有无障碍物，以免影响设备的正常运转；检查减速机的润滑油是否到油面线，有无漏油现象；熟悉控制面板上各个开关、按钮及指示灯的作用。

（4）设备的启动

循环式齿耙清污机的操作分为本地操作和远程操作，自动运行采用时序控制方式，当前设定运行间隔为每小时运行15分钟，运行间隔可根据实际来水情况及产生的栅渣量及时调整，原则上要保证所拦截的栅渣及时被清除，避免造成过栅流速不均的情况发生。

①开机（本地）

启动后应检察运行情况是否正常，有无卡阻及出现异常响声等现象；及时发现并清除各种较大的纤维杂物，以免阻塞耙齿链并影响设备的正常运行；运行中每两小时检查一次电机及轴承的升温情况，轴承温度在 70℃以下为正常，电机机壳温度在 70℃以下为正常；当格栅背部附有杂物时，应用专用工具将杂物耙入皮带输送机内，皮带输送机周围的杂物应及时清除干净；做好设备运行情况的各种详细记录。

②开机（远程）

确定设备控制挡位是否已打到"自控挡"；在中控室的操作面板上点击需开启的格栅机，将弹出"启动""停止"按钮，点击"启动"按钮，设备开始按照设定程序运转。

（5）设备的停机

①关机（本地）

按下停止按钮，停止设备运行。

②关机（远程）

在中控室的操作面板上点击需关闭的格栅机，将弹出"启动""停止"按钮，点击"停止"按钮，设备停止运转。

3.2.2 隔油调节池

1. 工艺说明

隔油调节池用于初步去除工业废水中的有机溶媒等油性物质，工程废水中的甲苯、三氯甲烷等有机物质，这些有机溶媒等的存在会对后续污水处理设施产生极大影响，而且绝大多数有机物都属于难生物降解物质，会给后续生化处理设施带来负担。此外，油性物质易黏附在 MBR 膜表面并堵塞膜孔，造成过滤压力增大，影响出水水质。

隔油调节池控制系统包括液位控制系统、蒸汽加热系统、隔油系统、空气搅拌系统四部分，其中所涉及的自动运行为化工泵的启停，其余部分为手动控制。

2. 池体基本参数

设计流量：100 m^3/d。

结构类型：半地下钢混凝土结构。

防腐：玻璃钢防腐。

有效尺寸：6.0 m×4.3 m×5.0 m。

HRT：24 小时。

池数：1 座。

3. 设备基本参数

①集油管

数量：1 台。

附属设施：启闭机，1 台；集油桶，2 m^3。

②化工泵（设在高级氧化间）

数量：2 台。

工作方式：1 用 1 备。

流量：$Q = 8$ m^3/h。

扬程：20.0 m H_2O。

功率：1.5 kW。

③蒸汽加热管

数量：1 套。

④温度传感器

数量：1 套。

⑤曝气穿孔管

数量：1 套。

4．液位控制系统

隔油调节池的常液位为 0～4.5 m，化工泵的启动、停机依靠池体内设定的高、中、低 3 种液位信号来控制，泵的启停条件可参见集水井子项。为适应来水水量变化，3 种液位高度可根据实际来水情况调整。液位计的安装位置如图 3-5 所示。

图 3-5　隔油调节池部分设备安装位置

5. 蒸汽加热系统

蒸汽加热系统采用蒸汽穿孔管路向池体输送蒸汽，利用手动蒸汽截止阀控制蒸汽加热管路的启停，池体设温度传感器监测污水温度，温度示数在远程中控画面显示，须控制在 10～25℃，当温度低至 10℃以下时，现场人员应及时开启蒸汽阀门。温度传感器的安装位置见图 3-5。

6. 空气搅拌系统

为防止污水中的悬浮物沉淀，该子项中设置了空气搅拌，其空气量仅需使废水产生搅动，以保证悬浮物不会沉积于池底，所以需要根据进水规律调整进气支管阀门，以保证供气量。空气供应量的控制通过空气支路上的球阀实现，安装位置如图 3-6 所示。

图 3-6　隔油调节池空气阀安装位置

7. 隔油系统

集油管设置在隔油调节池前段，通过现场操作人员定期巡视隔油管附近油性物质的聚集程度，适时打开启闭机，排放池内油性物质。油性物质的含量与厂内生产线的调整有关，因此现场管理人员应根据厂内生产废水排放规律总结运行经验，定期打开隔油调节池第一格室的检查孔观察油性物质的含量，并及时排放出积聚在池内的油性液体，集油系统相应设备安装位置如图 3-7 所示。

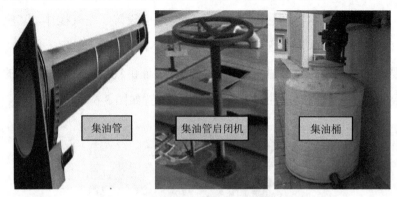

图 3-7　集油设备安装位置

注意事项：打开集油管启闭机前，观测池内液位是否达到集油管的中位线高度；调节空气进气球阀，将第一格室空气管路的空气量调小，目的是保证油液能始终漂浮在上方。

3.2.3　综合调节池

1. 工艺说明

调节池中设置潜水搅拌，通过搅拌使生产废水和生活污水混合均匀，使进水均质均量。池内设置加热系统，根据温度变化自动启停加热系统；池内设置潜污泵两台，用于将废水提升至水解酸化池中；池内设置超声波液位计，根据废水液位控制泵的启动和停止。所涉及的自动运行为液位控制系统及蒸汽加热系统，其余部分为手动控制。

2．池体基本参数

设计流量：600 m^3/d。

结构类型：半地下钢混凝土结构。

有效尺寸：12.20 m×6.0 m×5.0 m。

HRT：14 小时。

池数：1 座。

3．设备基本参数

（1）潜水搅拌器 I

功率：1.5 kW。

数量：1 台。

（2）潜水搅拌器 II

功率：2.5 kW。

数量：1 台。

（3）潜污泵

数量：2 台。

工作方式：1 用 1 备。

流量：Q =25 m^3/h。

扬程：6.0 m H_2O。

功率：2.2 kW。

（4）蒸汽加热喷射器

材质：不锈钢。

数量：1 套。

（5）蒸汽加热管

数量：1 套。

4．潜污泵的运行

综合调节池的常液位介于 0～4.5 m。根据综合调节池及膜池的液位连锁控制泵的启停，3 种液位高度可根据实际进水情况进行调整。液位计及泵出口管路安装位置如图3-8所示。

图 3-8　蒸汽加热系统附属设备安装位置及实物

（1）潜污泵的启动条件

膜池的液位未到中液位，此时潜污泵开启一台。

（2）潜污泵的停止条件

综合调节池的液位达到低液位时，停泵；膜池的液位达到高液位时，停泵。

5. 蒸汽加热系统

蒸汽加热系统采用蒸汽穿孔管路及蒸汽喷射加热器分别向池体的两个格室输送蒸汽，分别采用两个电动阀门控制相应蒸汽加热管路的启停；池体末端泵出口处设温度传感器监测污水温度，温度示数在远程中控画面显示，需控制在 10～30℃（温度可设），其目的是满足后续生化处理中微生物呼吸代谢所需的温度条件。设备安装位置如图 3-8 所示。

6. 曝气系统

生活污水及经高级氧化处理后的生产废水在综合调节池的第一格室混合均匀后经潜孔进入下一格室，第一格室设置空气曝气管路进行搅拌，曝气量采用手动球阀控制，球阀的开度不宜太大，开启 45°使池体内污水微微翻动即可，球阀安装在第一格室上部。

7. 搅拌系统

综合调节池在第二、第三格室各设置一台潜水搅拌器，目的是进一步均化水质，并防止悬浮物沉淀。潜水搅拌器的操作分为本地及远程控制，该设备在工艺运行或者池体内水位高于潜水搅拌器时始终处于运行状态。池体上部安装导链及转向杆，供设备定期检修及维护。设备安装位置如图 3-9 所示。

8. 其他设备

在生活污水进水管路安装一台电磁流量计。电磁流量计具有记录瞬时流量及累积流量两种功能。电磁流量计的安装位置如图 3-10 所示，仪表示数均可在远程中控操作界面显示，显示界面如图 3-11 所示。

图 3-9　潜水搅拌器安装位置

图 3-10　电磁流量计安装位置

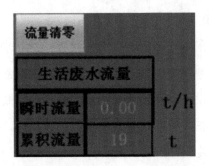

图 3-11　电磁流量计显示界面

　　在显示界面中增加了"流量清零"功能：当累积流量数值出现"0"时，此时累积流量数值不会增加，点击"流量清零"可恢复正常；当累积流量数值出现"*"时，点击"流量清零"可恢复正常；

当累积流量数值出现"99999"时，表明已达到显示上限，点击"流量清零"可重新计数。

3.2.4　水解酸化池

1. 工艺说明

水解酸化工艺是将厌氧发酵过程控制在水解与产酸阶段，是介于好氧与厌氧处理之间的方法。水解指的是有机物（基质）进入细胞前，在胞外进行的生物化学反应，微生物通过释放胞外自由酶或连接在细胞外壁上的固定酶来完成生物催化反应；酸化则是一类典型的发酵过程，其基本特征是微生物的代谢产物为各种有机酸。

水解酸化与厌氧发酵是有区别的，一般把厌氧发酵过程分为 4 个阶段：①水解阶段；②酸化阶段；③酸性衰退阶段；④甲烷化阶段。在水解阶段，固体有机物质降解为溶解性有机物质，大分子降解为小分子物质。在产酸阶段，碳水化合物等有机物降解为脂肪酸，主要是乙酸、丁酸和丙酸。水解和产酸阶段进行得较快，难以通过改变控制条件加以区分。此阶段起主要作用的微生物是水解—产酸菌。在酸性衰退阶段，有机酸和溶解的含氮化合物分解成氨，胺，碳酸盐和少量的 CO_2、N_2、CH_4 和 H_2，在此过程中由于产氨菌的活动使氨态氮浓度增加，氧化还原电势降低，pH 上升，为甲烷菌创造了适宜的条件，此阶段的副产物还有硫化氢、吲哚（粪臭素）和硫醇。由此可见，厌氧发酵过程中带来恶臭气体的过程发生在这一阶段。在甲烷化阶段，有机酸（主要是乙酸）转化为沼气，此阶段的优势菌种为甲烷菌。有机物厌氧消化过程如图 3-12 所示。

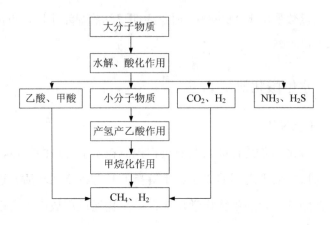

图3-12　有机物厌氧消化过程

　　水解和酸化阶段是把厌氧发酵过程控制在水解发酵阶段之前，反应基本不进入第3阶段。针对本项目制药废水高COD、B/C比低、高SS的特点，经过水解酸化反应以后，难生物降解的有机物可转化成易生物降解的有机物，大分子有机物可转化成小分子有机物，难溶解性有机物可转化成溶解性有机物。

　　2. 池体基本参数

　　设计流量：600 m^3/d。

　　结构类型：半地下钢混凝土结构。

　　防腐：玻璃钢防腐。

　　池数：1座。

　　分格：2格。

　　单格尺寸：8.4 m×7.4 m×5.0 m。

　　总停留时间：22 小时。

3. 设备基本参数

（1）氧化还原电位（ORP）在线分析仪

数量：1 套。

（2）潜水搅拌器

功率：2.5 kW。

数量：2 台。

4. ORP 检测系统

ORP 检测值作为反映水解酸化池内污水电位的指标，单位为 mV，该仪表设定检测量程是−1 000～1 000 mV。水解酸化池的氧化还原电位（Eh）必须满足水解酸化菌的生命活动要求，一般为+50 mV 以下，水解酸化池内 Eh 显示在正常范围内，即表征该过程已顺利进行。ORP 检测仪安装位置及显示面板如图 3-13 所示。

图 3-13 ORP 仪表安装位置及显示面板

5. 搅拌系统

水解酸化池在第一、第二格室各设置一台潜水搅拌器，目的是加强水力循环，增加活性污泥对有机物的吸附和降解效果。其控制操作参见综合调节池子项。安装位置如图 3-13 所示。

3.2.5 沉淀池

1. 工艺说明

水解酸化池出水先溢流至沉淀池的布水渠，均匀布水后再进入沉淀池使水解酸化池混合液进行固液分离。本次设计采用平流式沉淀池，利用三角齿形堰出水，经环形集水渠收集后直接排入高效生物膜池，污泥采用气提方式排至污泥浓缩池。

沉淀池的运行管理主要包括空气管路及相应的排泥管路。

2. 池体基本参数

设计流量：600 m³/d。

结构类型：半地下钢混凝土结构。

有效尺寸：8.40 m×2.0 m×5.0 m。

表面负荷：1.5 m³/(m²·h)。

池数：1 座。

3. 设备基本参数

（1）气提装置

材质：碳钢。

数量：3 套。

（2）三角堰板

材料：不锈钢。

（3）挡渣板

材料：不锈钢。

4．排泥系统

排泥系统共分为 3 个支路，各支管分别采用手动球阀控制，在排泥管路外缠电伴热带及保温层，安装位置如图 3-14 所示。

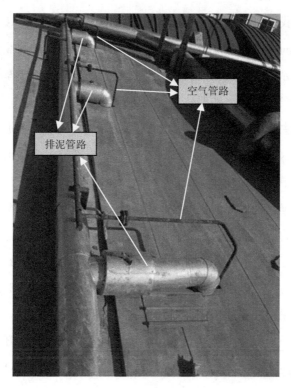

图 3-14 沉淀池空气管路及排泥管路安装位置

日常运行注意事项：①经常检查并调整出水堰板的平整度，防止出水不均和短流现象的发生，及时清除挂在堰板上的浮渣和挂在出水槽上的生物膜；②如果发现大块污泥上浮现象，有可能是因污泥长期滞留而发生厌氧发酵并生成气体（H_2S、CH_4等），此时应加大气提管路送气量，将滞留于池底的污泥吹出。

3.2.6 高效生物膜池

1. 工艺说明

随着我国对膜生物反应器研究开发的逐步深入，该废水处理工艺在国内的应用逐渐广泛起来。高效生物膜池是一种将膜分离技术与传统污水生物处理工艺有机结合的新型高效废水处理与回用工艺，近年来在国际水处理技术领域日益得到广泛关注。

高效生物膜池是一种用膜分离过程取代传统活性污泥法中二次沉淀池的水处理技术。在传统的废水生物处理技术中，泥水分离是在二沉池中靠重力作用完成的，其分离效率依赖于活性污泥的沉降性能，沉降性能越好，泥水分离效率越高。而污泥的沉降性能取决于曝气池的运行状况，改善污泥沉降性能必须严格控制曝气池的操作条件，这限制了该方法的适用范围。由于二沉池固液分离的要求，曝气池的污泥不能维持较高的质量浓度，一般在 1.5～3.5 g/L，从而限制了生化反应速率。HRT 与污泥龄（SRT）相互依赖，提高容积负荷与降低污泥负荷往往形成矛盾。系统在运行过程中还产生了大量的剩余污泥，其处置费用占污水处理厂运行费用的 25%～40%。传统活性污泥处理系统还容易出现污泥膨胀现象，导致出水中含有悬浮固体，造成水质恶化。针对上述问题，高效生物膜池将膜分离技术与传统生物处理技术有机结合，实现 SRT 和 HRT 的分离，大大提高了固液分离效率，并且由于曝气池中活性污泥浓度的增大和污泥中特效菌（特别是优势菌群）的出现，生化反应速率得以提高。同时，通过降低 F/M 比减少剩余污泥产生量（甚至为零），基本解决了传统活性污泥法存在的许多突出问题。

在膜生物反应器中，由于用膜组件代替传统活性污泥工艺中的二沉池，可以进行高效的固液分离，克服了传统活性污泥工艺中出水水质不够稳定、污泥容易膨胀等不足，从而具备下列优点：

（1）运行管理方便。传统的好氧活性污泥处理工艺，在高污泥负荷的情况下运行会出现污泥膨胀现象，使泥水难于分离而导致出水质量下降甚至不达标。而本工艺是用膜的过滤作用来进行泥水分离，污泥膨胀并不影响 MBR 系统的正常运行和出水水质，因而运行管理极为方便。

（2）占地面积少。传统的好氧活性污泥处理工艺的污泥质量浓度一般在 3 000～5 000 mg/L，而膜工艺的活性污泥质量浓度一般在 8 000～12 000 mg/L，且不需要生化沉淀池，因而大大减少了占地面积和土建投资，其土建占地面积约为传统工艺的 1/3。

（3）处理水质稳定。膜组件能够截留几乎所有的微生物，尤其是针对难以沉淀的、增殖速度慢的微生物，因此系统内的生物相极其丰富，活性污泥驯化、增量的过程大大缩短，处理的深度和系统抗冲击能力得以加强，处理水质稳定。

（4）具有优良的脱氮效果。膜工艺系统有利于增殖缓慢的硝化细菌的截留、生长和繁殖，使系统硝化效率得以提高。

（5）SRT 长。膜分离使污水中的大分子难降解成分在体积有限的生物反应器内有足够的停留时间，大大提高了难降解有机物的降解效率。此外，反应器在低污泥负荷、长 SRT 下运行，可以实现基本无剩余污泥排放。

（6）动力消耗低，中空膜丝所需要的吸引压强仅为 $0.1\sim$ $0.4\,kg/cm^2$，动力消耗极低。近年来，由于膜生产工艺的改进及新材质的应用，有效减少了膜污染堵塞现象，大大减少了清洗的工作量，延长了膜组件的寿命，使其寿命可达 3～5 年。

综上所述，本工程中膜分离设备放置在膜池中，将活性污泥和大分子有机物质截留。因此，反应池内的活性污泥浓度会得到极大的提高。SRT 与 HRT 的完全分离使高效生物膜池对有机物，尤其是对难降解和大分子有机物有较高的处理效率。好氧池池体底部设有曝气器，给处理系统提供了充足的氧气，气水比为 20∶1；膜区设有出水设备，出水设备核心部分为超滤膜片，在其底部设有曝气穿孔管，抑制长期运行过程中形成的膜污染问题，由自吸泵完成出水功能。

高效生物膜池根据池体功能分为反应区及膜区，其中控制系统包括膜区的产水系统、反洗系统、离散清洗系统、加药系统（该项设备位于加药间）。

2. 池体基本参数

设计流量：600 m^3/d。

结构类型：半地下钢混凝土结构。

池数：1 座。

反应区单格有效尺寸：14.2 m×4.2 m×5.0 m。

数量：4 格。

单格膜区有效尺寸：6.2 m×3.0 m×5.0 m。

数量：2 格。

容积负荷：0.727 kgCOD/（m^3·d）。

污泥负荷：0.090 kgBOD/（kgMLSS·d）。

SRT：15 天。

混合液污泥质量浓度：3.5 g/L。

HRT：42 小时。

产泥率：0.925 kgDS/kgBOD。

有效水深：4.5 m。

剩余污泥量：292.8 kg/d。

3. 设备基本参数

（1）可变式微孔曝气器

材质：橡胶。

规格：Φ210。

数量：840 套。

（2）膜组件

材质：聚丙烯（PP）。

外径：500 μm。

膜壁厚：50～60 μm。

膜孔径：0.1～0.2 μm。

膜面面积：16 m^2/片。

膜片数量：540 片。

单片通量：1.0～1.8 t/d。

操作压力：-0.01～-0.05 MPa。

（3）出水泵

数量：4 台。

工作方式：2 用 2 备。

流量：Q =32 m^3/h。

扬程：30.0 m H$_2$O。

功率：7.5 kW。

（4）排泥泵

数量：2 台。

工作方式：1 用 1 备。

流量：Q =10 m^3/h。

扬程：6.0 m H$_2$O。

功率：2.2 kW。

（5）污泥回流泵

数量：2 台。

工作方式：1 用 1 备。

流量：Q =32 m^3/h。

扬程：6.0 m H$_2$O。

功率：3.0 kW。

（6）反冲洗泵

数量：2 台。

工作方式：1 用 1 备。

流量：$Q=30 \text{ m}^3/\text{h}$。

扬程：30.0 m H_2O。

功率：5.5 kW。

（7）其他设备

电动闸门 2 台、超声波液位计 2 台、溶氧仪 1 套、电动阀门 18 台、压力变送器 2 台、流量计 2 台、电动单梁悬挂起重机 2 组。

4. 系统启动前的准备工作

确认各项设备已正常通电；检查电动闸门（VA406B07a、b）工作状态，确保其处于正常工作状态，如有异常及时整改；检查膜出水泵（P406B04a、b、c、d）、膜反洗泵（P406B06a、b）、污泥回流泵（P406B02a、b、c、d）、排泥泵（P406B03a、b）、轴流风机（C406B1）的参数、形式及管路连接，点动水泵确认水泵电机转向，如有问题及时调整；检查膜出水泵（P406B04a、b、c、d）、膜反洗泵（P406B06a、b）前后阀门（VA406B06a、b、c、d、e、f 与 VA406B02a、b 及 VA406B04a、b）、加药电动阀（VA406B03a、b）的工作状态，防止系统运行后导致管路不顺；检查膜池水位（LIC406B03a、b），使其不低于膜架上沿；检查曝气管道上的各个阀门（VA406B05a、b、c、d、e、f），确认阀门处于正常工作状态；检查电接点真空表（PIC406B02a、b、c、d）、膜池电磁流量计（FIC406B02a、b）、膜池电磁流量计（FIC406B03）、好氧池溶氧仪（D0406B01）、膜池压力变送器（PIC406B01a、b）等仪表的参数设置是否正确、信号反馈是否正常，如有问题及时调整。

部分设备安装位置如图 3-15 所示。

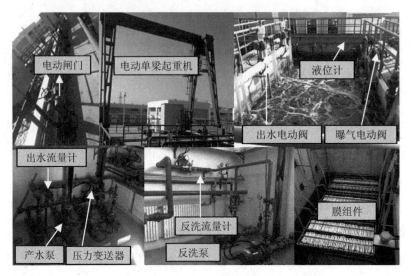

图 3-15　高效生物膜池部分设备安装位置

5. 系统停运后再次启动前的排气工作

设备停运后，若管道和膜片内有大量气泡，膜出水泵（P406B04a、b、c、d）不能进行自吸产水。设备应先采用膜反洗（P406B06a、b）对膜堆管路补水，具体操作如下：

将各组膜架反洗一次，每组反洗时间为 3 分钟，反洗流量为设计产水量的 2 倍，反洗压力控制在 0.1 MPa 以下，记录每组膜架的反洗压力及流量，打开进气电动阀（VA406B05a、b、c、d、e、f），再开启轴流风机（C406B1），对膜片进行曝气；打开反洗电动阀（VA406B04a 或 VA406B04b），等指示灯变亮，打开对应 1 台反洗泵（P406B06a 或 P406B06b），反洗泵（P406B06a 或 P406B06ab）

运行 3 分钟，关闭反洗泵（P406B06a 或 P406B06b）及对应的反洗电动阀（VA406B04a 或 VA406B04b）；打开出水电动阀1（VA406B02a、b）和出水电动阀2（VA406B06a、b、c、d、e、f），等指示灯变亮，打开膜出水泵（P406B04a、b、c、d）中的随机 2 台水泵；观察 MBR 池电磁流量计（FIC406B02a 或 FIC406B02b），待流量稳定（大约需要 1 分钟左右）；将产水控制在设计流量，记录此时的产水压力，并开始读数（PIC406B01a、b）；排气操作完成，膜系统开始在手动状态下运行（注意：手动状态下也须按照固有运行模式进行操作），膜片正常操作负压控制在-0.03～-0.01 MPa，初始运行时最好控制在-0.01 MPa 以下。

6. 产水系统

当设备需要长时间运行时，应将运行状态改成自动，具体操作如下：

将所有出水电动阀（VA406B02a、b，VA406B06a、b、c、d、e、f）、反洗电动阀（VA406B04a、b）、进气电动阀（VA406B05a、b、c、d、e、f）切换至自动状态，将膜出水泵（P406B04a、b、c、d）、膜反洗泵（P406B06a、b）、污泥回流泵（P406B02a、b、c、d）、排泥泵（P406B03a、b）、轴流风机（C406B1）都切换至自动状态，将系统运行状态总控制按钮切换为自动模式，检查所有阀门的开闭情况和泵的运行状态。

设备自动运行，膜出水泵采用间歇运行方式，即抽吸 8 分钟停 2 分钟，备用水泵可每隔 8 小时自动切换一次；设备每运行 8 小时自动进行 1 次反洗，反洗时每次关闭一个出水电动阀 2（VA406B06a、 b、c、d、e、f），开启反洗电动阀（VA406B04a、b），启动对应反洗泵（P406B06a 或 P406B06b）3 分钟，如此依次将全部膜架全部反洗 1 次，即为 1 轮反洗。

7. 在线化学清洗系统

为延长膜的化学清洗周期，系统每隔 3～6 天在反洗时分别加入 300～500 ppm 的 NaClO 或 500～1 000 ppm 的 NaOH 或 HCl 进行在线化学反洗，每次反洗 2～3 分钟，水量控制在 10 L/片，等药剂反洗入膜片后浸泡 20～30 分钟再反洗 2～3 分钟，才可投入正常出水，在清洗过程中要持续曝气。

8. 离线清洗前准备工作

当膜片操作压力大于−0.05 MPa 时，须进行离线清洗，清洗前准备工作如下：

膜池停止进水；关闭系统，即关闭膜出水泵、膜出水电动阀、膜反洗泵、膜反洗电动阀及对应的曝气电动阀门，降低膜池内部液位，将膜池内膜架露出水面，使用电动单梁悬挂起重机（L406B01）和电动单梁起重机（L406B02）将膜堆放置至清洗水池；配制化学清洗液，酸洗使用浓度为 1%的 HCl 溶液，碱洗使用浓度为 0.1～0.2%的 NaClO 和 1%的 NaOH 溶液。

9. 离线化学清洗系统

松开膜架相互连接的活接，松开膜架产水管、反洗管、曝气管阀门前的活接或法兰；膜架吊出膜池后用清水冲洗膜片，将膜片表面的污泥除去；将膜架吊入化学清洗水池，连接曝气管活接；膜堆放入清洗药剂中后开始计时，浸泡 2 小时杀死附着在膜表面的细菌，并除去附着在膜片表面的有机物和胶体物质，在浸泡的同时开曝气阀对膜进行曝气冲刷；浸泡完毕后再用清水对膜片及膜架表面进行冲洗，将膜堆重新吊入膜池，再次吊出其他待清洗的膜堆，重复以上操作；膜堆装入膜池后还应对膜片进行 2～3 分钟的反洗。清洗完毕后，设备可正常运行。

3.2.7 膜清洗水池

1. 工艺说明

膜清洗水池内储存着处理达标的清水，用于膜组件的定期化学清洗。池内设空气搅拌系统，用于加药后溶液的快速混合，池内用水从清水池经泵抽吸过来。

2. 池体基本参数

设计流量：600 m^3/d。

结构类型：半地下钢混凝土结构。

有效尺寸：6.2 m×2.5 m×5.0 m。

池数：1 座。

3. 设备基本参数

（1）曝气穿孔管

材质：UPVC。

数量：1 套。

（2）超声波液位计

数量：1 台。

4．药剂准备

HCl：液态，30%浓度，工业级。

NaOH：液态，40%纯度，工业级。

NaClO：液态，10%浓度，工业级。

5．配置药剂浓度

酸洗：浓度为 1%的 HCl 溶液。

碱洗：浓度为 0.1%～0.2%的 NaClO 和 1%的 NaOH 溶液。

6．清洗顺序

氢氧化钠洗→次氯酸钠洗→放空池体→盐酸洗。

7．药剂投加量

NaOH：$0.97 \, m^3$。

NaClO：$0.78 \, m^3$。

HCl：$1.3 \, m^3$。

8．操作步骤

清洁池内异物；确认清水池中至清洗水池阀门开启、其余出口阀门关闭，向清洗水池注水，水位至 2.5 m（没过膜堆）；确认加药间内加药罐回流阀45°开启，放空阀关闭，即将开启的加药泵对应出口阀开启，另外一台加药泵对应进、出口阀关闭，加药管路如图 3-16 所示，阀门位置如图 3-17 所示；阀门状态确认完毕后，开启加药泵，同时开启清洗水池空气管路，进行搅拌；将膜堆吊至清水池内，每种药剂各浸泡 2 小时。

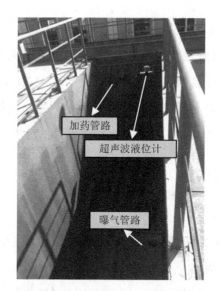

图 3-16　膜清洗水池管路及设备安装位置

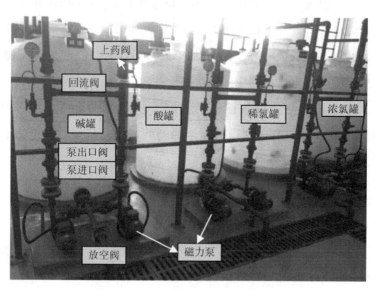

图 3-17　加药间各设备安装位置

9. 注意事项

整个清洗阶段，空气搅拌不能停；NaOH 清洗完毕后，将膜堆重新吊起，直接开启 NaClO 加药泵，待 NaClO 加药完毕后，将膜堆放回池内；NaClO 清洗完毕后，须先将池内清洗液放空，再配置酸洗液，在放入酸洗液前，膜片应先用清水冲洗数次。

3.2.8 污泥浓缩池

1. 工艺说明

污泥浓缩池接收气浮设备、沉淀池和 MBR 反应池的生化剩余污泥，这些污泥经浓缩后体积减小，可降低后续污泥的处理成本，上清液返回格栅井，浓缩后的污泥用污泥螺杆泵打入污泥脱水系统。

污泥沉淀池的形式采用竖流中心筒式沉淀池，污水由设在池中心的进水管自上而下进入池内，悬浮物沉降进入池底锥形沉泥斗中，污泥通过连通管流入隔壁的泥池，最终通过污泥螺杆泵打入污泥脱水机，澄清水再次返回生活污水格栅井。

污泥浓缩池系统包括液位控制系统和空气搅拌系统等四部分，其中所涉及的自动运行为池体的液位控制系统，其余部分为手动控制。

2. 池体基本参数

设计流量：600 m^3/d。

结构类型：半地下钢混凝土结构。

有效尺寸：6.2 m×4.2 m×5.0 m。

池数：1 座。

3. 设备基本参数

（1）中心筒

材质：碳钢。

规格：$\Phi 300$。

数量：1 套。

（2）超声波液位计

数量：1 台。

4. 液位控制系统

污泥浓缩池的常液位位于 0～4.5 m，排泥泵的启停依靠池体内设定的高、中、低 3 种液位信号来控制，根据产泥量的变化，3 种液位高度可根据实际排泥情况调整，上清液通过溢流管流至集水井。

5. 空气搅拌系统

为防止污泥在池底沉淀，池中设置了空气搅拌，其空气量仅需使污泥混合液产生搅动、不使污泥沉淀即可。所以，需要根据排泥规律调节进气支管阀门，以保证供气量。

空气供应量的控制通过空气支路上的球阀实现，安装位置如图 3-18 所示。

图 3-18　污泥浓缩池部分管路及设备安装位置

3.2.9　高级氧化系统

1. 工艺说明

1894 年，化学家 Fenton 首次发现有机物在 H_2O_2 和 Fe^{2+} 组成的混合溶液中能被迅速氧化，并把这种体系称为标准试剂，可以将当时很多已知的有机化合物，如羧酸、醇、酯类化合物氧化成无机态，氧化效果十分明显。芬顿试剂是由 H_2O_2 和 Fe^{2+} 混合得到的一种强氧化剂，可氧化各种有毒和难降解的有机化合物，针对高浓度难生物降解的工业废水处理，可作为生物前处理，改善水质状况，提升废水可生化性，为后续深度处理创造有利的条件，特别适用于某些难治理的或对生物有毒性的工业废水的处理。

芬顿反应是以亚铁离子（Fe^{2+}）为催化剂，用过氧化氢（H_2O_2）

进行化学氧化的废水处理方法，它能生成强氧化性的羟基自由基，在水溶液中与难降解有机物生成有机自由基，使其结构被破坏，最终氧化分解。

芬顿反应是基于过氧化氢参与链反应，主要过程如下：

链反应的引发：$Fe^{2+}+H_2O_2 \longrightarrow Fe^{3+}+ \cdot HO+OH^-$

$$Fe^{3+}+H_2O_2 \longrightarrow Fe^{2+}+ \cdot HO_2+H^+$$

$$\cdot HO_2+H_2O_2 \longrightarrow \cdot HO+O_2+H_2O$$

链的发展：$RH（有机物）+ \cdot HO \longrightarrow \cdot R +H_2O$

$$\cdot R+Fe^{3+} \longrightarrow \cdot R+Fe^{2+}$$

链反应的结果：$R^++O_2 \longrightarrow ROO^+ \longrightarrow CO_2+H_2O$

链反应的终止：$\cdot HO+ \cdot HO \longrightarrow H_2O_2$

$$\cdot HO+ \cdot R \longrightarrow ROH$$

据计算在 pH=4 的溶液中，羟基自由基的氧化还原反应电位高达 2.73 V，其氧化能力在溶液中仅次于氢氟酸。

芬顿反应的优点有 4 个：①反应产生的羟基自由基将难于降解的有毒有机污染物有效地分解，针对部分有机物可直接彻底的转化成无机物，如 CO_2、HO_2 等，不会产生二次污染问题；②针对一些难于生物降解及会对微生物产生毒害作用的有机污染物，芬顿系统可作为生物处理的预处理，提高废水的可生化性，保证生化系统的稳定，改善出水水质；③反应条件温和，不需要高温高压，过氧化氢常温常压下可快速分解，因而氧化速率较快，处理效果好，运行稳定；④反应过程可控，设备简单，运行维护方便。

本工程采用"过氧化氢+硫酸亚铁"组成的芬顿系统构成强氧化

系统，生产废水经过隔油调节池初步去除油类物质后，利用气浮设备对废水中的有机溶媒和悬浮物进一步去除。处理后的废水自流至高级氧化池，自动控制加酸将废水中的 pH 调到酸性后，向氧化反应池中投加硫酸亚铁和过氧化氢溶液，在氧化剂的作用下去除部分有机物，同时将大分子有机物转化为小分子有机物、难生物降解有机物转化为可生物降解的有机物，提高废水的可生化性。经过高级氧化后的废水经泵提升至气浮设备，去除高级氧化过程中产生的铁泥沉淀。

其中，氧化池采用间歇式进水和反应，氧化池共分为3格，每个池体的反应时间为4小时，池内设置空气搅拌系统和蒸汽加热管路。空气搅拌的目的是充分混合废水和药剂，提高药剂与废水的接触时间，达到去除有机物的目的，而蒸汽管路主要是保证废水的温度在35℃左右，提高氧化剂的反应效率。

2．池体基本参数

设计流量：600 m^3/h。

结构类型：半地下钢混凝土结构。

防腐：玻璃钢防腐。

有效尺寸：4.0 m×2.7 m×4.5 m。

单格 HRT：4 小时。

格数：3 格。

3．设备基本参数

（1）高级氧化池出水泵

数量：3 台。

工作方式：3 用。

流量：Q =11 m^3/h。

扬程：10.0 m H$_2$O。

功率：1.5 kW。

（2）硫酸亚铁自动泡药机

最大投药量：1 500 L/h。

制备装置：1 套。

设备类型：两箱系统。

药剂投加浓度：1%～3%。

功率：1.5 kW。

（3）PAM 自动泡药机

最大投药量：500 L/h。

制备装置：1 套。

设备类型：三箱系统。

药剂投加浓度：1‰～3‰。

功率：1.5 kW。

（4）PAC 自动泡药机

最大投药量：500 L/h。

制备装置：1 套。

设备类型：两箱系统。

药剂投加浓度：10%～30%。

功率：1.5 kW。

（5）碱液储罐

最大储存量：$2 m^3$。

数量：1 套。

药剂投加浓度：40%。

（6）稀硫酸储罐

最大储存量：$2 m^3$。

数量：1 套。

药剂投加浓度：40%。

（7）过氧化氢储罐

最大储存量：$2 m^3$。

数量：1 套。

药剂投加浓度：30%。

（8）硫酸亚铁加药泵

数量：1 台。

设备类型：螺杆式。

流量：$3 m^3/h$。

扬程：$30 m H_2O$。

功率：1.5 kW。

（9）PAC 加药泵

数量：2 台。

设备类型：计量泵。

流量：$0.5 m^3/h$。

扬程：$10 m H_2O$。

功率：0.25 kW。

（10）PAM 加药泵

数量：2 台。

设备类型：计量泵。

流量：0.5 m^3/h。

扬程：10 m H_2O。

功率：0.25 kW。

（11）过氧化氢上药泵

数量：1 台。

设备类型：计量泵。

流量：1.5 m^3/h。

扬程：10 m H_2O。

功率：0.75 kW。

（12）硫酸计量泵

数量：1 台。

设备类型：计量泵。

流量：0.5 m^3/h。

扬程：10 m H_2O。

功率：0.25 kW。

（13）液碱计量泵

数量：1 台。

设备类型：计量泵。

流量：0.5 m^3/h。

扬程：10 m H_2O。

功率：0.25 kW。

（14）鼓风机

数量：2 台。

流量：5.0 m^3/min。

压力：0.06 MPa。

功率：11.0 kW。

（15）超声波液位计

数量：3 台。

（16）pH 计

数量：3 台。

4. 高级氧化系统的控制条件

影响芬顿试剂反应的主要参数包括溶液的 pH、反应温度、过氧化氢投加量、催化剂投加量、反应时间及药剂投加顺序。

（1）溶液的 pH

芬顿反应一般都是在酸性条件下进行的，在中性和碱性环境中，Fe^{2+} 不能催化 H_2O_2 产生·OH，按照经典的芬顿试剂反应理论，pH 升高不仅抑制了·OH 的产生，而且使溶液中的 Fe^{2+} 以氢氧化物的形式沉淀而失去催化能力。当 pH 过低时，溶液中的 H^+ 浓度过高，Fe^{3+} 不能顺利地被还原为 Fe^{2+}，催化反应受阻，即 pH 的变化直接影响到 Fe^{2+}、Fe^{3+} 的络合平衡体系，从而影响芬顿试剂的氧化能力。芬顿试剂的最佳 pH 范围为 2～4。

（2）反应温度

对于一般的化学反应，随着反应温度的升高，反应物分子平均动能增大，反应速率加快。对于芬顿反应系统，温度升高时·OH 的活性增大，有利于·OH 与废水中有机物的反应，可提高废水 COD 的去除率；当温度过高时，会促使 H_2O_2 分解为 O_2 和 H_2O，不利于·OH 的生成，反而会降低废水 COD 的去除率。反应温度可控制在 25～35℃。

（3）过氧化氢投加量

采用芬顿试剂处理废水的有效性和经济性主要取决于 H_2O_2 的投加量。一般而言，随着 H_2O_2 用量的增加，有机物降解率先增大而后出现下降。

（4）催化剂投加量

$FeSO_4 \cdot 7H_2O$ 是催化 H_2O_2 分解生成羟基自由基（·OH）最常用的催化剂。与 H_2O_2 相同，一般情况下，随着 Fe^{2+} 用量的增加，废水 COD 的去除率先增大而后呈下降趋势。其原因是，在 Fe^{2+} 浓度较低时，随着 Fe^{2+} 的浓度增加，单位量 H_2O_2 产生的·OH 也会增加，所产生的·OH 全部参与了与有机物的反应；当 Fe^{2+} 的浓度过高时，部分 H_2O_2 发生无效分解，释放出 O_2。

（5）反应时间

芬顿氧化是 H_2O_2 在催化剂 Fe^{2+} 的条件下分解并产生·OH，反应速率较快，一般 20～40 分钟即可结束反应。

（6）药剂投加顺序

一般情况下，先投加硫酸亚铁，然后调节 pH，再投加过氧化氢；

药剂不能一次性投加，这是因为 Fe^{2+} 会由于局部自由离子浓度过高引发对·OH 的竞争作用，从而产生内耗。

5. 高级氧化系统操作步骤

（1）隔油调节池液位计提供液位信号，液位达到高位时启动氧化池 a 进水电动阀 a。

（2）进水电动阀 a 启动 30 秒后开启隔油调节池化工泵 a，化工泵受隔油调节池和氧化池液位双重控制。

（3）同步开启氧化池 a 空气电动阀 a 和硫酸亚铁上药泵，上药泵运行 15 分钟后关闭（时间可调）。

（4）当池内 pH 显示高于 3（数值可调）时，启动硫酸加药电磁阀 a，启动硫酸计量泵；当 pH=3 时停止硫酸计量泵，关闭硫酸电磁阀 a。

（5）当 pH 达到 3 的同时，开始启动过氧化氢电动阀 a，启动过氧化氢计量泵 15 分钟后关闭（时间可调）。

（6）氧化池 a 反应 4 小时（时间可调）后，当 pH＜7，开启碱液电磁阀，开启碱液计量泵；当 pH＞7（数值可调），关闭碱液计量泵和碱液电磁阀。

（7）当 pH=7，延迟 10 分钟后开启氧化池出水泵 a，出水泵的关闭受氧化池液位计 a 控制。

（8）氧化池 a 进水停止后，启动氧化池 b 进水电动阀 b 和隔油调节池化工泵，将水提升至氧化池 b 内，其他操作顺序同氧化池 a。氧化池 b 进水结束后，启动氧化池 c 进水电动阀 c，其他操作顺序同上。当一个池格投加药剂时，另外池格不投加药剂。

（9）进水完成后，当反应池内温度低于 25℃时，启动蒸汽电动截至阀，当温度达到 30℃时关闭相应反应池蒸汽电动截至阀，设置温度调节窗口。

6. 注意事项

过氧化氢、稀硫酸、碱液和硫酸亚铁均为腐蚀性物质，在输送药液和配置药液的过程中应配备好防护工具。为了避免药剂投加时药液不足，每天需要提前将硫酸亚铁药液配置完成。药液洒落地面要及时清洗，氧化池内的 pH 计要定期进行校核和清洗。

3.2.10　气浮系统

1. 工艺说明

本工程中的气浮设备共设两级。隔油调节池的出水先经过一级气浮设备。再进入高级氧化单元，其主要目的是去除生产废水中的悬浮物及有机溶媒等油性物质，减轻高级氧化反应过程中的投药量；随后，高级氧化的出水经二级气浮设备去除铁泥后再进入综合调节池。

气浮机原理：废水从配水槽进入气浮池，通过盖板上的循环进水孔达到叶轮上，由于叶轮在传动机构的驱动下高速旋转，其产生的离心力会将叶轮上的废水甩出，于是在盖板下形成负压，从进气孔吸入空气；同时，一部分废水通过盖板上的循环进水孔也被吸入，空气被高速旋转的叶轮击碎成微小气泡，并与废水混合成为水气混合体甩出导向叶片之外，导向叶片使水流阻力减小，经整流筛板稳定后，在池内平稳地垂直上升，废水中的污染物质与气泡黏附在一起上浮于水面，形成的泡沫不断被缓慢转动的刮渣机刮出池外，使废水得以净化。

2．设备基本参数

数量：2 套。

功率：6.64 kW/套。

3．操作步骤

（1）再次检查各加药泵、混合搅拌罐、各管道阀门是否保持正常状态，可否正常开关，各仪表是否正常、准确地显示。确认气浮单元的供气、进液系统是否可以正常运行，排放口可正常排放。

（2）开启泡药机，投入 PAC、PAM 使药剂充分溶解。设定 PAC 投加量为 15～20 mg/L，PAM 溶药比为 2‰，投加量需根据现场实际运行情况选择并逐步调整。

（3）开启混流筒、进液泵和 PAC、PAM 上药泵，使均匀混合后的液体进入气浮机。

（4）适时开启气浮机刮板刮除悬浮物质。参照此前单机调试，观察气浮及刮渣、排渣部分运行是否稳定，有无异常。

（5）待气浮机中的液位上涨至接近出水槽，打开气浮机出水管道阀门，使气浮系统出水进入高级氧化池。

3.3　设备的说明、点检与维护

3.3.1　机械格栅

机械格栅如图 3-19 所示。

图 3-19 机械格栅实物

1. 设备日常检查维护

循环式齿耙清污机的日常检查维护见表 3-3。

表 3-3 循环式齿耙清污机日常检查维护记录

检查项目		检查要点	保养、更换期限		
			1 个月	半年	1 年
电动机		绝缘、轴承、齿轮发热	●		
传动件	驱动链条、皮带	张紧调整、加润滑油		●	
	驱动链条、皮带	检查磨损、加润滑油		●	
	剪切销、离合器	空转检查			●

检查项目		检查要点	保养、更换期限		
			1 个月	半年	1 年
主要构件	齿耙	弯曲变形、栅间隙检查	●		
	行走链条和链轮	折损变形、松弛检查	●		
	轴承和密封	磨损、振动检查	●		
	主轴导轨	磨损、振动检查	●		
	托杆	磨损、振动检查	●		

2. 设备润滑说明

循环式齿耙清污机润滑说明见表 3-4。

表 3-4　循环式齿耙清污机润滑说明

润滑部位	润滑油型号	润滑间隔
链条/链轮	普通开式润滑油	500 工作小时或 60 天
传动轴轴承	2 号复合钙基润滑脂	500 工作小时或 60 天
从动轴轴承	轴承油 L-FD	500 工作小时或 60 天

3. 设备故障处理

循环式齿耙清污机故障处理见表 3-5。

表 3-5　循环式齿耙清污机故障处理

故障原因	处理措施	解决办法
电机停止工作	格栅机电机过载或短路使电控柜内断路器断开	检查带式压榨机电机过载或短路原因，将断路器重新合上
电机过载	污物量过大	调整电机转速，减小污物量
	链条张紧力过大	减小链条张紧力
链轮运转不良	轴承损坏	更换轴承
	润滑不良	清洗、重新加润滑油（脂）
	张紧力过大	调整张力，达到规定的数值

3.3.2 潜水搅拌器

潜水搅拌器如图 3-20 所示。

图 3-20 潜水搅拌器实物

1. 主机结构

QJB 型潜水搅拌机主要由叶轮、潜水电机两大部分组成，叶轮直接装在电机轴上，其结构如图 3-21 所示。

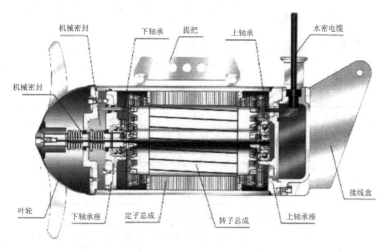

图 3-21 混合型潜水搅拌器

2．设备维护与保养

为了保证设备的正常使用和寿命，应进行定期的检查和保养。

（1）设备长期不用时，应清洗并吊起置于通风干燥处，注意防冻与高温。若置于水中，每15天至少运转30分钟（不能无水运行），以检查其功能和适应性。电缆每年至少检查一次，若破损请予以更换。

（2）每年至少检查一次电机绝缘及紧固螺钉，若电机绝缘下降，须与售后服务部联系，若紧固螺钉松动须重新紧固。

（3）设备在出厂前已在油室内注入适量的 $32^{\#}$ 机械油，用以润滑机械密封，该机油应每年检查一次。如果发现油中有水，应将其放掉，重新换油，更换密封垫，旋紧螺塞，三个星期后须重新检查，如果油又成乳化液，则应进行检查机械密封，必要时应更换。

（4）每年至少检查一次监测设备性能。每年至少检查一次手拉葫芦及起吊环链，如有损坏应及时维修或更换。

3．故障与排除

潜水搅拌器故障处理见表3-6。

表 3-6　潜水搅拌器故障处理

故障现象	故障原因	解决办法
振动或摇摆	淹没深度不够，形成漩涡，吸入空气	增加淹没深度
	池容量小，混合过于猛烈，造成叶轮不平衡	选用与池容积相适宜的设备
	导杆支撑安装基础松动	重新加固
	多台设备相互干扰	增加设备间距或设抗干扰板
	叶轮损坏	更换叶轮

故障现象	故障原因	解决办法
负载电流过大	液体黏性强或浓度高	选用较大功率的设备
	旋转方向错误	变换旋转方向
	叶轮阻塞	清除叶轮上的杂物
	导流罩与叶轮干涉	调整叶轮与导流罩的间隙
异常响声	导流罩与叶轮干涉	调整叶轮与导流罩的间隙
	轴承损坏	更换轴承
定子超温报警	负载电流过大	按第2项解决办法
	定子超温报警损坏	更换定子超温报警装置
	电机损坏	检查电机性能
油室泄漏报警	油室进水，油为乳化状	换油，3周后重新检查，如仍为乳化状，检查机械密封

3.3.3　潜污泵

潜污泵如图 3-22 所示。

图 3-22　潜污泵实物

1. 设备日常巡检事项

（1）检查电缆有无破损、折断，接线盒电缆线的入口密封是否完好，发现有可能漏电及泄漏的地方应及时妥善处理。

（2）严禁将泵的电缆当作吊线使用，以免发生危险。

（3）定期检查导向杆腐蚀情况及垂直情况，检查链条、电缆情况。

（4）叶轮和泵体之间的密封不应受到磨损，间隙不得超过允许值，否则应更换密封环。

（5）不要随便拆卸泵零件，需拆卸时不要猛敲、猛打，以免损坏密封件。正常条件工况一年后应进行一次大修，更换已磨损的易磨损件并检查紧固件的状态。

2. 设备维护与保养

每运行 1 万小时或 1 年（极限）连续运转后，必须对泵进行检查。为此，须吊起泵并对照以下几个方面检查：

（1）检查电力电缆和控制电缆损坏情况，如有必要可更换。

（2）拆卸泵，检查叶轮和泵体口环的径向间隙，如间隙过大，应更换密封环。

（3）检查叶轮和泵体的磨损、腐蚀和气蚀情况，如径向间隙太大或磨损太严重，应更新或修复每个零件。

（4）应定期更换机械密封。

（5）拆卸潜水电机，对所有零件进行检查。

（6）应特别注意电机内部电缆情况，电缆必须无裂缝缺陷（无任何变曲等）。必须紧固接线柱，接线柱无任何腐蚀迹象。

（7）由于泵的密封要求较高，在出现故障时应判别出故障的原因和部位。在决定对其进行大修或拆卸时，须准备必需的工具（包括试压工具）。如果没有可靠的检测手段或技术力量，请与泵的生产厂家联系，自行处理会得不到可靠的检修质量保证。

3.3.4 卧式离心泵

卧式离心泵如图 3-23 所示。

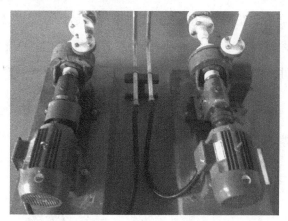

图 3-23 卧式离心泵实物

1. 日常检查维护

（1）检查离心泵管路及结合处有无松动现象。用手转动离心泵，试看离心泵是否灵活。承体内加入轴承润滑机油，润滑油应及时更换或补充。

（2）新换轴承后运行 100 小时应清洗换油，以后每运行 1 000～1 500 小时换油一次，油脂每运行 2 000～2 400 小时须换油。

（3）控制离心泵的流量和扬程在标牌上注明的范围内，以保证离心泵在最高效率点运转，才能获得最大的节能效果。泵在运行过程中，轴承温度不能超过环境温度（35℃），最高温度不得超过80℃。

（4）现离心泵有异常声音应立即停车检查原因。要停止使用时，先关闭闸阀、压力表，然后停止电机。

2．运行时的注意事项

（1）不能用吸入阀来调节流量，以避免产生汽蚀。

（2）泵不宜在低于30%设计流量下连续运转，如果必须在该条件下连续运转，则应在出口处安装旁通管，排放多余的流量。

（3）注意泵运转有无杂音，如发现异常状态时应及时消除或停车检查。

3.3.5　螺杆泵

螺杆泵如图3-24所示。

图3-24　螺杆泵实物

1．螺杆泵的运行

（1）螺杆泵决不能干运行，即不能在没有物料的前提下运转泵。螺杆泵启动前一定要将进出口阀门全部打开。

（2）螺杆泵在启动前应对所有构筑物、管道进行清理，防止杂物进入泵体。大量坚硬的杂物会减少定子和转子的使用寿命。

（3）平时启动前应打开进出口阀门，启动时应充满介质，不允许空转，输送的介质对泵体有冷却和润滑作用。

（4）运行中要随时注意泵的流量、压力等状况，如发现流量、压力突然变化或有异常声应及时检查解决。

（5）在首次运转前和大修后，应校验同轴度精确度，以保证平稳运行。

（6）在运行过程中，基座螺栓的松动会造成机体的振动、移动、管线破裂等现象，尤其是万向节和挠性轴连接处的螺栓，应经常检查其牢固性。

（7）螺杆泵如果长时间不用必须清洗泵体，以保证泵腔内干净，防止物料停留在定子内，影响定子的使用寿命。

2．螺杆泵的巡检注意事项

（1）地脚螺栓、法兰盘、联轴器是否松动。

（2）通过出管的压力表读数可发现泵是否空转，管路是否堵塞。

（3）运转时有无异常声音。

（4）定子和转子应定期更换，更换方法、周期参照使用说明书的有关要求进行。

（5）螺杆泵的润滑详见螺杆泵使用及维护说明书。

3. 螺杆泵的故障检测

（1）不能启动

原因：①新泵或新定子摩擦太大，此时可加入液体润滑剂；②电压不合适，控制线路故障，缺相运行；③泵体内物质含量大，有堵塞；④停机时介质沉淀并结块，出口堵塞及进口阀门未开；⑤冬季冻结；⑥万向节等处被大量缠绕物塞死，无法转动。

（2）不出料

原因：①进出口堵塞及进口阀门未开；②万向节或者挠性连接部位脱开；③定子严重损坏；④转子反转。

（3）流量过小

原因：①定子磨损、出现内漏；②转速太低；③吸入管漏气；④工作温度太低，使定子冷缩、密封不好；⑤轴封泄漏。

（4）噪声及振动过大

原因：①进出口阀门堵塞或进出口阀门未打开（此时伴有不出泥）；②各部位螺栓松动；③轴承损坏（此时伴有轴承架或变速箱发热）；④定子或转子严重磨损（此时伴有出料量小）；⑤泵内无介质，干运转；⑥定子橡胶老化、碳化；⑦电机减速轴与泵轴不同心或者联轴器损坏；⑧联轴节磨损松动；⑨变速箱齿轮磨损点蚀。

3.3.6　计量泵

计量泵如图 3-25 所示。

图 3-25　计量泵实物

1．主机结构

计量泵主要由 Y 型过滤器、背压阀、安全阀、脉冲阻尼器构成。

2．安全阀的设定

设定压力：高于计量泵正常工作时的压力 2 bar 左右，但不能超过计量泵铭牌上的额定压力。

设定方法：先将安全阀的设定螺杆反时针方向完全松开，然后关闭出口管路上的截至阀或背压阀。确认以上步骤后通电运行，这时候计量泵输送的溶液完全从安全阀的泄压旁路中流出。逐渐按顺时针旋转安全阀的设定螺杆，同时观察出口管路上的压力表指针，直至到达预定的压力，安全阀即设定完毕。

3. 背压阀的设定

当计量泵投加点为负压、常压或者压力低于 1 bar 时，出口管路应安装背压阀。背压阀的设定压力一般在 2 bar 左右。

设定方法：将出口管路上的截至阀完全打开，然后将背压阀的设定螺杆反时针方向完全松开。确认以上步骤后通电运行，然后逐渐顺时针旋转背压阀的设定螺杆，同时观察出口管路上的压力表指针，直至到达 2 bar 左右，背压阀即设定完毕。

4. 计量泵的设定

G 系列计量泵属于往复式容积泵，其实际流量和进口压力、出口压力、介质的比重、黏度等因素均有关系。因此，在安装完成后应对计量泵进行流量标定，从而确定在特定的运行条件下的精确流量。

在泵运行的最初的 12 小时后，应对泵进行标定测试，从而找出特定运行条件下的精确流量。通常在 100%、50% 和 10% 流量下设定泵的流量，就足以表明整个调节范围内泵的性能。

5. 启动前的注意事项

（1）开动计量泵之前，必须将随计量泵提供的润滑油加入传动箱，否则会对泵造成严重损坏。

（2）开动计量泵之前，必须检查进出口管路，确保进出口管路中所有的截至阀均完全打开后方可通电试车，否则将会对泵造成严重损坏。

（3）电机转向，在确保进出口管路畅通的前提下点动试车，观察电机的转向和泵体上的箭头方向是否一致（从电机上端往下看，为顺时针方向），确保转向正确后方可进行下面的步骤。

6．计量泵的启动

（1）手动调节流量

拧松位于泵侧盖上的冲程锁定螺栓以便调节泵流量，调节千分刻度冲程调节旋钮可以改变泵的流量，顺时针方向旋转减少流量，逆时针方向旋转增加流量。整个冲程调节范围都用百分比标出，旋扭上的最小间隔标定线为1%，将旋钮调至所需流量后用手拧紧冲程锁定螺栓，以保持住设定的流量。

（2）泵输送系统输液

泵吸入管路和排出管路的排气是非常重要的步骤。为此，在压力测试之前，先在没有任何排除压力的条件下运行泵，使输送系统完全充满液体。

7．计量泵的维护

驱动部件：最初运行1 000小时以后，需要更换计量泵驱动部件润滑油。以后，每运行5 000小时或半年后更换驱动润滑油。驱动润滑油为Mobil gear 600 XP 220，数量为650 mL。

隔膜组件：为了避免隔膜泵损坏，建议每5 000小时或每年更换隔膜组件，更换方法详见使用说明书。

油封：泵的油封应每年更换。因更换油封时需要拆下隔膜组件，因此建议油封和隔膜组件同时更换。

单向阀：阀球、阀座、垫圈和O型圈建议每年或每5 000小时更换。

3.3.7 鼓风机

鼓风机如图 3-26 所示。

图 3-26　鼓风机实物

1. 开车前的准备与检查

（1）仪表和电器设备处于良好状态，检查接线情况，需接地的电气设备应可靠接地。

（2）鼓风机和管道各接合面连接螺栓、基座螺栓、联轴器柱销螺栓均应紧固。

（3）齿轮油箱内的润滑油应按规定牌号加到油标线的中位。轴封装置应用压注油杯加入适量的润滑油。

（4）按照鼓风机转向用手盘动联轴器 2～3 圈，检查机内是否有摩擦碰撞的现象。

（5）鼓风机出风阀应关闭，旁通阀处于全开状态，对安全阀进行校验。

（6）检查皮带松紧程度，必要时进行调整。

（7）空气过滤器应清洁和畅通，必要时进行清洗或更换。

2．空载运转

（1）按电器操作顺序开启风机。

（2）空载运转期间，应注意机组的振动状况并倾听转子有无碰撞声和摩擦声，观察转子有无与机壳局部摩擦发热的现象。

（3）滚动轴承支撑处应无杂声和突然发热冒烟的状况，轴承处的温度不应超过规定值。

（4）轴封装置应无噪声和漏气现象。

（5）同步传动齿轮应无异常的不均匀的冲击噪声。

（6）检查皮带轮是否为左回转（以机器上箭头方向为准）。

（7）特别注意异常音、发热、振动和电流值等项目。

3．负荷运转

（1）开启出风阀，关闭旁通阀，掌握阀门的开关速度，升压不能超过额定范围，满载试车。

（2）风机启动后，严禁完全关闭出风道，避免造成爆裂。

（3）负荷运转中，应检查旁通阀有无发热、漏气现象。

（4）其他要求同空载运转。

4．停机操作

（1）逐步打开旁通阀，关闭出气阀，注意掌握好阀门的开关速度。

（2）按下停车按钮。

5. 巡视管理

鼓风机在运转时至少每隔 2 小时巡视一次，并抄录仪表读数一次（电流、电压、风压）。检查内容如下：

（1）听鼓风机声音是否正常。运转声不应有非正常的摩擦声和撞击声，如不正常时应停车检查以排除故障。

（2）检查风机各部分的温度。风机周围表面用手摸时不烫手，电动机应无焦味或其他气味。

（3）检查油位。油面高度应在油标线范围内，从油窗盖上观察到的润滑油飞溅情况应符合技术要求。发现缺油时应及时添加，油箱上的通气孔不应堵塞。

（4）检查风机是否正常，各处是否有漏气现象；检查各运转部件，震动不能太大，电器设备应无发热松动现象。

6. 紧急停车

发现以下情况时应立即停车，以避免设备事故：

（1）风叶碰撞或转子径向、轴向窜动与机壳相摩擦，发热冒烟；

（2）轴承、齿轮箱油温超过规定值；

（3）机体强烈震动；

（4）轴封装置断裂，大量漏气；

（5）电流、风压突然升高；

（6）电动机及电器设备发热冒烟。

7. 运行时的注意事项

（1）保证鼓风机房的通风良好。鼓风机是污水处理系统中的耗能大户，其运行过程中会产生热量，若温度不能及时扩散，尤其是在夏季，会导致鼓风机温升过高。这样不仅会影响电动机的寿命，严重时还会使鼓风机因动力不足造成停机。必要时可采用空调降温和直接给鼓风机进气降温两种方式。

（2）日常管理过程中应经常检查鼓风机的进、出口风压。若进风风压过低，则应及时清洗或更换进风的过滤器；若出风风压过高，则应检查出气管路，其原因可能是曝气器微孔膜堵塞或空气管道进水，通过及时清洗微孔膜或放水即可解决。

（3）定期清洗检查空气过滤器，保持其正常工作。

（4）注意润滑保养，严格按照鼓风机厂家要求的运行、保养操作规程，定期检查并及时更换润滑油。

（5）经常注意并定期测听机组运行的声音和轴承的振动，如发现异声或振动加剧应立即采取措施，必要时应停车检查，找出原因，排除故障。

（6）按说明书的要求，做好电动机或齿轮箱的检查和维护。

（7）鼓风机运行中发生下列情况之一，应立即停车检查：机组突然发生强烈震动或机壳内有摩擦声；任一轴承处冒出烟雾；轴承温度忽然升高超过允许值，采取各种措施仍不能降低。

8. 定期检查内容

（1）每日定期检查：检查压力（不能超过鼓风机名牌所标示的压力）、噪声和振动等。

（2）每月检查：添加润滑油，并清洁过滤网。

（3）每半年检查：更换润滑油，检查皮带。

（4）每年定期检查：更换皮带和过滤网。

（5）每两年定期检查：更换轴承，检查叶轮和齿轮。

9. 润滑油的种类和更换

（1）工业齿轮润滑油 ISO VG220 相当产品。

（2）纯正润滑油：中国石油 R220 中负荷齿轮油或美孚 630。

（3）润滑油必须在停止中更换，等油位稳定后再一次确认油位，一定要注意油位只能到达中央红点位置。

10. 故障原因及排除

启动电源风机不运转时，排除方法见表 3-7。

表 3-7　故障排除（一）

原因	措施
转子堵住	拆开修理
内含杂质	拆开修理

异常声响或振动时，排除方法见表 3-8。

表 3-8　故障排除（二）

原因	措施
打滑、V 型带太紧或太松	调整皮带张力
皮带轮不正	将皮带轮调正
皮带轮与皮带罩摩擦	调整皮带罩
安全阀漏气	调整安全阀
地脚螺栓太松	锁紧
排气压力异常上升	调节阀门
转子干扰	拆开修理

鼓风机过热时，排除方法见表3-9。

表 3-9 故障排除（三）

原因	措施
排气压力突然上升	调节阀门
鼓风机房内温度上升	增加通风量

气量不足时，排除方法见表3-10。

表 3-10 故障排除（四）

原因	措施
入口消音器堵塞	清洗或更换过滤器
管道漏气	拧紧连接口
皮带打滑	调整皮带张力
排气压力异常上升	调节阀门或水位

3.3.8 膜系统

1. 膜系统的维护与保养

（1）必须保证 MBR 系统有充足的曝气量，以防止膜片污堵。

（2）观察风机运行是否正常，如果有杂音或停机情况出现，应立即组织检修。

（3）为延长膜的化学清洗周期，每隔 3～7 天在反洗时分别加入 300～500 ppm 的 NaClO 或 1 000 ppm 的 HCl 进行在线化学反洗，每次反洗 2～3 分钟，等药剂反洗入膜片后浸泡 20～30 分钟，再反洗 2～3 分钟后才投入正常出水，在清洗过程中要持续曝气。必须注意的是，反洗时间根据药剂磁力泵流量和药剂浓度而定，保证 MBR 池内所有药剂浓度不超过 500 ppm。

酸洗操作步骤：配药→打开反洗加药电动阀→手动关闭膜出水阀→打开反洗泵→打开加药泵→调节加药泵流量→反洗 2～3 分钟→关闭加药泵和反洗泵→关闭反洗阀→开始计时浸泡 30 分钟。

碱洗操作步骤：碱浓度 1 000 ppm，次氯酸钠浓度 500 ppm。手动操作，需要单组反洗，由于次氯酸钠含有余氯，具体操作参考酸分散洗。

（4）当操作负压超过 0.05 MPa 或者出水流量下降比较明显时，须对膜片及时进行化学清洗。

（5）膜池内有液位计和液位开关，检测膜池污泥混合液的液位高度，防止污水溢出。上位机会产生声光报警，也可设置随液位抽吸模式。

（6）为了检测膜组件的通透性，每个膜系统设有正负压力变送器。通常模式下，仅显示工作压力状态，不参与控制。

（7）在出水管路和反冲洗管路的直管段上设有流量计，实时传输出水的流量。流量的大小通过上位机设置，也可设置随流量抽吸模式，当班人员要及时观察流量变化，发现异常时必要时先停止系统。

（8）为了保证污泥的活性，膜池中会有一部分污泥被回流泵送回到生化池。这个流速的控制会和出水有关系。污泥从膜池回流到生化池前端，避免了多段内回流造成的污泥浓度分布不均，也避免了膜池污泥浓度过高和实际运行中复杂的控制。

（9）设备开机时膜出水泵无法出水时，请使用反洗补水操作。

（10）单日检测 MBR 膜池 SV30 及 MLSS 一次，记录出水流量、产水抽吸负压、反洗压力、反洗流量、MBR 膜池水温、产水浊度等数据，数据每 2 小时记录一次，反洗参数每天跟踪一次。严格做好数据记录。

2. 膜系统的故障排除

膜组件的故障一般有曝气异常、膜间压差上升以及膜出水流量减少、水质恶化。表 3-11 列出了问题产生的原因和处理方法。

表 3-11　膜系统故障排除

问题	原因	处理方法
曝气空气达不到标准量	鼓风机故障	检查鼓风机
	曝气管堵塞	清洗曝气管
膜组件内或膜组件间曝气状态不稳定	该膜组件的曝气管堵塞	清洗该膜组件的曝气管
透过水量减少或膜间压差上升	有膜堵塞	进行药洗
	曝气异常导致对膜面没有良好的冲洗	改善曝气状态
	污泥形状异常导致污泥过滤性能恶化	改善污泥性状 调整污泥排放量 阻止异常成分的流入（油分等）
		BOD 负荷的调整
		原水的调整（添加氮、磷等）
透过水的悬浊成分增多	膜元件或软管损坏	封住该膜元件或集水管的导流管
	透过水的配管管线泄漏	检查、修复不良部分
	透过侧生长有细菌	对透过水管路进行有效氯质量浓度为 $100 \sim 200$ mg/L 的次氯酸钠的注入清洗

3.3.9　带式压滤机

带式压滤机如图 3-27 所示。

图 3-27　带式压滤机结构

1．设备结构

带式压滤机（以下简称带机）是一种连续工作的固液分离设备，适用于对未经过预浓缩且含固率较低的污泥进行脱水，如混合污泥、消化污泥等，其结构紧凑、占地少、效率高、操作环境好，是一种经济实用的污泥脱水设备。该机由机架、传动装置、布料装置、纠偏装置、张紧装置、冲洗装置、卸料装置、压榨辊系、集液槽、电气等部件组成。

（1）机架：带机的机架由角钢焊接而成，起到支撑其他部件的作用。机架的前后由钢板封闭，可防止泥水外溢，保持脱水机房的环境整洁。两侧的侧板可轻松装卸，便于观察、维护。集液槽起收集滤液的作用，收集后的滤液最后通过带机底部的集液盘排水口排放至地沟。

（2）布料装置：该装置安装在带机的重力脱水段，由进料管、挡板、橡胶密封板、理料板及泥耙组成。污泥经进料管进入后在此脱去大部分游离水。侧面的挡板和橡胶密封板可阻止物料流至滤带外侧。滤布上方设有泥耙，可将包在污泥内的自由水分离出来，提高重力脱水效果。在进料管和泥耙之间有一块限料板，它使分布在滤带宽度方向上的料层厚度均匀，调整其上下高度可调节料层厚度。

（3）纠偏装置：该装置由纠偏辊、汽缸、滑块、导轨、感应臂、感应开关及其安装板等零件组成。滤带在运行过程中会左右跑偏，当跑偏到一定距离时，感应臂在滤带作用下移动，使其接近气控阀，纠偏气压回路中相应换向阀换向，汽缸活塞杆动作，纠偏辊与滤布运行方向成一定角度，从而纠正滤布跑偏，使之回到正常位置。

（4）张紧装置：该装置主要由张紧架、汽缸及耐磨条组成，作用是张紧上、下滤带，向过滤物料施加一定的压力使之压榨脱水。

（5）冲洗装置：冲洗装置由两根进水管及喷嘴座、喷嘴、清洗罩、挡板等组成，冲洗水具有一定的压力，使滤布清洗干净，不影响下一循环的脱水。

（6）压榨辊系：所有压榨辊的结构均相似，各辊表面均覆盖有特殊的防腐涂层。轴承座采用密封形式，能防水、防尘，均为双列滚子调心轴承，用润滑脂润滑。

（7）卸料装置：上、下滤带在主传动辊处均设置卸料装置，用于卸除脱水后的滤饼，并经卸料板排出机外。刮泥板材质为 PP，不易损伤滤带。刀刃应压紧在主传动辊直径的切线方向上，其紧密程度可以调节至适当，有利于滤饼彻底脱落。

（8）传动装置：该装置由传动辊、减速机、链轮和周步齿轮构成，外表面包耐磨橡胶层，以增加摩擦系数。上下滤带的同步通过同步齿轮实现。减速机采用变频调速，可任意调节减速机的输出转速。

（9）混合器：混合器为锥形，底部切向方向焊有进料管，管道投药器。药剂通过管道投药器上的 G1 接口进入并与污泥混合，然后切向射流进入混合器。污泥在混合器内螺旋上升，使泥、药得到充分混合。

2．开机准备

（1）检查调理槽内及滤布上是否有异物。

（2）查看滚轮是否有窜动。

（3）打开总电源，启动空压机，待压力达到设定值时检查滤布纠偏系统工作是否正常。

（4）检查各相关阀门是否打开。

（5）污泥池与 PAM 储药槽须在下水位以上位置。

3．操作运行

（1）将控制箱内总开关（断路器）置"开"位置。控制柜操作面板电源选择开关置"开"位置，电源指示灯亮。

（2）空压机选择开关置"开"位置，空压机开始运转，指示灯亮。压力表缓缓上升至设定压力值，一般在表刻度 0.3～0.4（3～4 kg/cm²）（机器出厂前已设定完毕），此时机器方可开始其他后续操作。

（3）驱动电机、调理槽电机、筛除浓缩机、清洗泵选择开关顺序置于"手动"（自动操作时选"自动"）位置，各指示灯亮，各部分相继开始运转。驱动电机运转速度可以通过变频器操作面板调节，但以不低于 30 Hz 为宜。

（4）上述操作完成，待机器运行 3 分钟左右启动污泥泵，设备进入正常操作运行流程。

注意：手动操作时要特别注意污泥浓缩池液位、药液液位，以免对泵和机器造成损坏。

（5）滤布异常偏离，触碰到限位开关，机器应立即停机。此时应查找滤布异位原因，并排除故障，而后才可按压"强制驱动"按钮，以使滤布回归到正常运转位置。当滤布离开限位开关后，即可松开此按钮。

注意：机器滤布处于正常运转位置时，按此按钮是无作用（动作）的；没有出现异位报警，切不可立即按压此按钮，参照常见故障原因予以排除；出现异位报警，按此按钮将启动空压机、滤布驱动、清洗泵。

（6）手动操作停机，先将加药泵、污泥泵选择开关置"停止"位置，以停止向调理槽内加注 PAM 溶液和污泥。其余部分继续运转约 30 分钟，以清洗滤布和筛除浓缩机转鼓滤网。待滤布清洗干净，即可停止清洗泵、筛除浓缩机、调理槽电机、驱动电机，最后停止空压机并关闭电源。

4．运行时的注意事项

（1）新泡制絮凝剂的搅拌时间至少需 0.5～1 小时，具体视絮凝剂融化情况确定。如是上次未使用完的絮凝剂，若无坏死或变质，应搅拌 10～30 分钟后使用。

（2）人员操作时，必须严格遵守相关安全要求的规定，才可操作运行。

（3）机器不使用时，请将总电源（漏电断路器）切断，以防发生危险。

（4）机器开机前应仔细检查，确保上、下滤布两侧张紧滤布的压簧伸出长度相同。

（5）操作运行时，请注意人体相关部位切勿伸入机器内，以免发生危险。

（6）机器正常操作运转时，切不可打开传动部分的防护罩，以免发生危险。

（7）机器运转时，应查看滤布运行方向、调理槽运转方向、浓缩机运转方向是否正确。

（8）机器正常运转时，滤布的运行频率以在 30～50 Hz 为宜，具体运行频率值可视出泥效果调节。

（9）运行结束后应及时对机器进行维护保养，以确保机器运行状态、使用寿命。

（10）工具、物品等应避免放置在机器上，以防掉落到滤布上，随机器运转挤压，而造成零部件及滤布损坏。

（11）调理槽里的污泥不要放置过长时间，以免产生恶臭、硬化等影响机器运行效果的问题。

（12）操作处理时，应控制好污泥的进泥量与添加絮凝剂量的比例，若絮凝剂量过少，将造成污泥絮凝效果不佳，致使后续流程极难处理；若絮凝剂过量，将造成污泥易黏滤布，致使刮刀无法刮除干净、滤布清洗效果不佳，影响后续处理。

（13）絮凝剂溶液是一种很光滑的液体，应避免将药液或药粉散落到地面、设备上，以免发生危险。发现有散落情况时，应立即进行清洗。

5. 维护与保养

（1）建立维护保养纪录表使用制度，以纪录各项检（维）修事项及内容。

（2）定期检修各相关零部件的功能情况，并纪录跟踪。

（3）依据使用频率、运行时间，使用油枪打入适量黄油润滑轴承，以及使用黄油润滑传动链条与链轮。宜每月保养一次（以每工作日运行 8 小时计）。

（4）定期检查气动双元件内水分的排放情况，并及时补充润滑油（一般使用专用润滑油）。

（5）定期检查空压机润滑油并做更换或添加的保养工作，储气桶下方的排水阀须每天打开排除油水（一般使用 $30^{\#}$ 润滑油）。

（6）清洗保养机器时，切不可使用水枪或其他工具喷洗机器控制柜、电磁阀盒、压力开关、限位开关等电器部分，以避免造成电器零件损坏、漏电，从而带来安全危险。

（7）经常检查喷嘴的喷洗情况、清洗水管 Y 型过滤器，有异物堵塞时应及时清除干净，以保障滤布使用寿命及污泥处理效果。

（8）根据操作时间，滤布要定期清洗干净，一般为每使用250～600小时即需清洗一次。每次清洗时，可以先用清水将盐酸或硫酸稀释（100～200倍），然后将滤布浸泡在其中，由人工刷洗干净或用高压水枪（10～15 kg/cm²）冲洗（特别注意：不可将机器上的电气配件及电控箱喷湿，以免发生危险或短路）。以此确保滤布的过滤效果，并维持机器良好的处理能力。

注意：滤布堵塞情况严重时，不清洗干净将会影响处理效果、设备运行状态以及滤布的使用寿命。

3.3.10 气浮机

1. 运行前注意事项

（1）要清洗水池内所有的杂质、焊渣。

（2）对刮渣机轴承、链条等需要润滑的部位进行加油润滑。

（3）点动刮渣机开关。运行到行程撞块时，刮渣机反向行走直到污泥槽，行程撞块将刮板翻起，按下停止按钮停止刮沫。

（4）检查链条连接处是否紧固，刮渣机运转是否连续、平稳，清除附着在链条上的纤维杂物。

（5）调节PAC、PAM计量泵的加药量至最佳状态，使污水与悬浮物分离。

2. 维护与保养

气浮机的维护与保养见表3-12。

表 3-12 气浮机维护保养

检查部位	检查维护点	检查周期
刮渣电机	是否有异常噪声，电机是否过度发热	每天 1 次
刮渣机轴承	添加润滑油	每两周 1 次
螺旋推进器电机	是否有异常噪声，电机是否过度发热	每天 1 次
螺旋推进器轴承	添加润滑油	每两周 1 次
螺旋推进器驱动链条	添加润滑脂	每周 1 次
刮渣机驱动链条	添加润滑脂	每周 1 次
刮板链条	链条连接处是否紧固；清除附着在链条上的纤维杂物	每天 1 次

3.4 仪表的运行管理及维护保养

3.4.1 产品型号、规格

产品型号、规格见表 3-13。

表 3-13 产品型号、规格

产品	产品名称	单位	数量
pH 在线分析仪	P33 变送器	P33AINN	6
	PH 复合电极	PC1R1A	6
	支架	PMH432G	5
	CPVC 流通式安装组件	MH333N3NZ	1
溶氧在线分析仪	DO 变送器（溶解氧）	PRO-D3A1N	1
	溶氧探头	5540DOA	1
	支架	AH-PMH276R00FP	1

产品	产品名称	单位	数量
ORP 在线分析仪	P33 变送器	P33AINN	1
	ORP 复合电极	RC1R5N	1
	支架	PMH432G	1
在线浊度仪	SC200 控制器，单数字通道	LXV404.99.00502	1
	Ts-line SC 浊度探头	LXV423.99.12100	1
	支架	AH-SLZX414.00.10000	1

3.4.2 校准方法

本系列检测仪表中，所需校准的仪器包括 pH 计和 ORP 计。

1. pH 计校准方法

缓冲液的配置：pH 计采用"2 点缓冲法"进行仪器校准，在仪器校准前应先配置出 pH=4 及 pH=7 的缓冲溶液，配制方法见表 3-14。

表 3-14　缓冲溶液配制方法

标准物质	pH（25℃）	每 1 000 mL 水溶液中所含试剂的质量
邻苯二甲酸氢钾	4.008	10.12 g $KHC_8H_4O_4$
磷酸二氢钾+磷酸氢二钠	6.865	3.388 g KH_2PO_4[1]+3.533Na_2HPO_4[1,2]

注：[1] 在 100～130℃烘干 2 小时；[2] 用新煮沸过并冷却的无二氧化碳水。

校准步骤：

（1）将传感器浸入第一个 pH 缓冲液中（pH=7）。注意：传感器在缓冲液中先停留 30 分钟，让传感器和缓冲液温度平衡。

（2）按"MENU"（菜单）键→"CALIBRATE"（校准）键→"ENTER"键（确定）→"SENSOR"（传感器）→"2 POINT BUFFER"

（两点缓冲）→"ENTER"键（确定）。

（3）随着传感器浸入第一个缓冲液中，屏幕中会出现"IN 1ST SOLUTION？"，随后按"ENTER"键确认。

（4）当屏幕中出现"PLEASE WAIT"，仪器等待 pH 和温度信号稳定。

（5）随后屏幕呈现"PT1=7.00pH"，并持续 5 秒，确认该点的校准。

（6）在屏幕显示"IN 2ST SOLUTION？"后，从传感器第一个缓冲液中取出，用蒸馏水进行数次漂洗，随后浸入第二个缓冲液中（pH=4），随后按"ENTER"键确认。

（7）随后屏幕呈现"PT2=4.00pH"，并持续 5 秒，确认该点的校准。

（8）屏幕呈现"pH SLOPE ××.×mV/pH"，指定一个斜率值用于测定传感器的性能，其值应介于 54～62 mV/pH；传感器使用一段时间或弄脏后，斜率值会下降，若校准仍不能恢复，则需更换电极。

2．ORP 计校准方法

参比溶液：ORP 采用"1 点样品法"进行仪器校准，仪器校准所使用的标准液需从厂家订购，规格为 200 mV。

校准步骤：

（1）将传感器浸入参比溶液中。

（2）按"MENU"（菜单）键→"CALIBRATE"（校准）键→"ENTER"键（确定）→"SENSOR"（传感器）→"1 POINT SAMPLE"（1 点样品）→"ENTER"键（确定）。

（3）随着传感器放入参比溶液中，并且屏幕上显示出"SAMPLE READY？"，随后按"ENTER"键确认。

（4）随后屏幕会显示"PT=××××mV"，显示出测量读数。

（5）等待读数稳定，随后按"ENTER"键确认。

（6）如果读数仍然很不稳定，屏幕可能会出现"PLEASE WAIT"，待屏幕读数稳定后，则显示出最新的测量值。

（7）按"ENTER"键结束校准，屏幕显示"1 POINT SAMPLE：CONFIRM CAL OK？"（1点样品：确认校准准确？）。

（8）在流程中重新安装好传感器。

（9）按"ENTER"键，屏幕显示"1 POINT SAMPLE：CONFIRM ACTIVE？"（1点样品：确认激活？），再次按"ENTER"键。

（10）ORP校准完毕。

3.4.3　维护与保养

1. pH与ORP计的维护与保养

（1）为维护测量精准度，须周期性地清洗传感器，依赖应用的周边环境进行周期性校准，见表3-15。

表3-15　pH与ORP计维护保养周期

清洗点	数量	清洗频率	校准频率
水解酸化池	1	一周两次	每季度一次

（2）校准液不可多次使用，不可将用于校准的缓冲溶液部分倒回缓冲液瓶中，使用过的应废弃。

（3）校准时，当传感器与缓冲溶液的温度达到平衡时方可测定。

2.溶氧仪的维护与保养

（1）清洗传感器膜：每月清洗一次，使用柔软的湿布和温和的肥皂溶液从膜表面除去所有的材料，用蒸馏水进行彻底的清洗。

（2）防止传感器膜变干：当传感器从过程液中取出时，传感器膜会马上变干，膜后电解液也会逐渐挥发，为避免此情况发生，取出后先将其暂时放入盛有洁净饮用水的容器中，直到将其放回。

（3）一旦发生传感器膜变干，须更换膜筒。

3.浊度仪的维护与保养

（1）应周期性地检查测量窗口是否有污迹及刮水器是否有破损，见表 3-16。

表 3-16　浊度仪维护保养周期

清洗点	数量	清洗频率	校准频率
清水池	1	每月一次	每月一次

（2）密封圈必须每两年由服务部门更换一次，如果不定期更换，则水可能进入探头头部损坏仪器。

3.5　自控系统操作说明

3.5.1　网络系统的介绍

1.自控系统的构成

该系统网络结构分为 3 层：第 1 层是光纤环网；第 2 层是

MODBUS TCP 总线网络；第 3 层是 MODBUS 总线网络。网络结构
如图 3-28 所示。

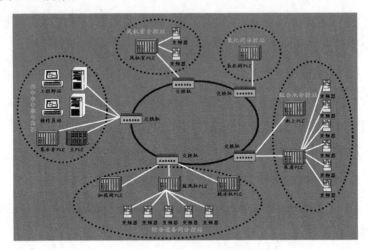

图 3-28　网络结构

光纤环网由综合办公楼交换机、风机室交换机、氧化间交换机、
组合池交换机，综合设备间交换机 5 个站点组成。其中，综合办公
楼交换机连接了操作员站、工程师站、主站 PLC（可编辑逻辑控制
器）和集水井 PLC。风机室交换机连接了风机室 PLC，氧化间交换
机连接了氧化间 PLC，组合池交换机连接了泵房 PLC 和池上设备
PLC，综合操作间交换机连接了加药间 PLC、鼓风机房 PLC 和脱水
间 PLC。

2．中控室设备配置

中控室内设置有 2 台监控操作站计算机、1 台视频监控机、1 台
交换机、1 台报表打印机、1 台视频刻录机。可将 1 台操作站同时兼

作工程师站，以便于调试及维护。2 台操作站通过交换机与西门子 PLC1511-1 通信来保障通信的可靠。2 台操作站互为备用，正常工作时，2 台计算机独立、并行运行，操作机状态在 2 台计算机之间同步进行，分别记录。任何一台计算机出现故障时，另一台计算机将保证系统的正常运行。

上位开发软件采用西门子 WINCC V7.2 SP3 组态软件，软件包括以下主要功能：用户登录，系统管理，实时工艺流程显示及控制，生产过程监视及控制，报警显示、记录及打印，实时曲线、历史曲线及打印，参数设置，运行记录及事件记录，报表处理及打印。

3. PLC 设备配置

PLC 控制系统的设计以安全、经济、可靠、实用为原则，在进行充分的技术经济比较的基础上，选择德国 SIEMENS 的软硬件产品。系统具有良好的开放性和可扩展性。

PLC 系统主要由 5 个 PLC 控制子站分别控制综合办公楼、风机室、氧化间、组合池、综合设备间。

（1）综合办公楼分控站：主站 1511-1（中控室）+子站 750-881（集水井），他们之间通过交换机进行通信。

（2）氧化间分控站：子站 750-881。

（3）组合池分控站：泵房子站 750-881 和池上设备子站 750-881。

（4）综合设备间分控站：加药间子站 750-881、鼓风机房子站 750-881 和脱水间子站 750-881。

3.5.2 上位操作说明

1. 常规操作

（1）一般泵的控制

以集水井化工泵为例，在远程操作之前先确认现场泵在自动挡上，具体确认方法可以通过下面的方法确认：设备名称本地状态的字体为黑色，自动状态为绿色。在自动状态下单击泵即可进入如下操作界面（图3-29）。

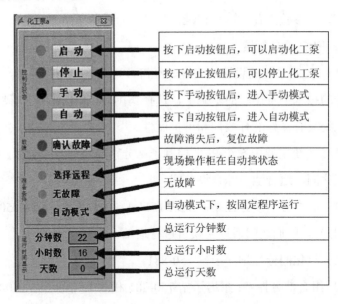

图 3-29 泵的操作界面

（2）阀门控制

以综合调节池蒸汽阀为例，在远程操作之前先确认现场蒸汽阀在远程挡上，具体确认方法可以通过下面的方法确认：设备名称本地状态的字体为黑色，远程状态为绿色。在自远程状态下单击蒸汽阀门即可进入如下的操作的界面（图 3-30）。

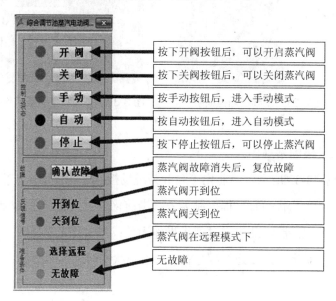

图 3-30　阀门的操作界面

（3）带变频电机的控制

首先需要对变频器进行设置，具体设置方法如图 3-31 所示。当变频器的触控面板显示为 LOC 时，可以通过"START"和"STOP"键来启动和停止变频器。当变频器的触控面板显示为"REM"时，需要先给变频器先设置好频率，再进行启停控制。具体频率设置如图 3-32 所示，上框为频率设置，下框为频率反馈。注意：如果没有设置频率，该电机是不能启动的。

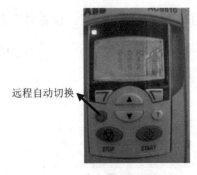

远程自动切换

图 3-31　变频器触控面板

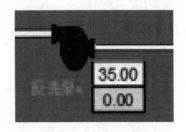

图 3-32　泵的频率设置操作界面

（4）泵的常规操作

如图 3-33 所示，当前化工泵 b 为现场控制，即现场操作柜手动按钮控制，此状态时远程控制无效；当前化工泵 a 为远程控制，即上位机远程控制，此状态时现场操作无效；当前化工泵 b 处于停止状态；当前化工泵 a 处于运行状态。故障状态时，泵的颜色为黄色。

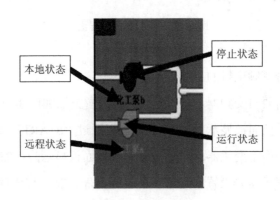

本地状态　　停止状态

远程状态　　运行状态

图 3-33　泵的操作界面

（5）阀门常规操作

如图 3-34 所示，当前蒸汽阀 b 为本地控制，即现场一体阀在本地状态，此状态时远程控制无效，只能通过本地阀体的按钮开阀关阀；当前蒸汽阀 a 为远程控制，即上位机远程控制，此状态时现场操作无效；当前蒸汽阀 a 处于开到位状态；当前蒸汽阀 b 处于关到位状态。故障状态时，阀的颜色为黄色。

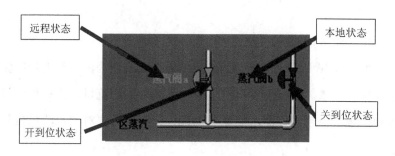

图 3-34　阀门的操作界面

（6）液位设置窗口操作

如图 3-35 所示，左侧图说明了池子的大概液位，中间图为池子的实际液位，右侧图为池子液位设置。单击液位显示窗口即可进入下一界面，主要包含高液位设定、中液位设定、低液位设定。以生活废水液位为例，高液位时起 2 台泵，中液位起 1 台泵，低液位时停泵。该参数一般不能修改，具体修改参考工艺要求。

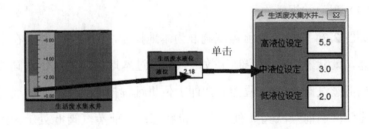

图 3-35　液位设置的操作界面

（7）流量设置窗口操作

如图 3-36 所示，左侧为流量计示意图，右侧为流量计的瞬时流量和累积流量。流量清零按钮主要用来清零累积流量，当累积流量达到一定数值超过界面所能显示的最大值时，需要对累积流量进行清零操作。

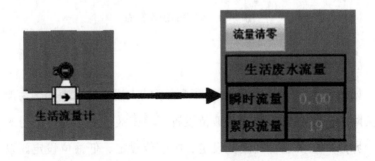

图 3-36　流量设置的操作界面

2. 集水井系统

集水井系统的操作界面如图 3-37 所示，该系统主要包含格栅、化工泵、潜污泵，电动阀门、液位计、温控器等设备。

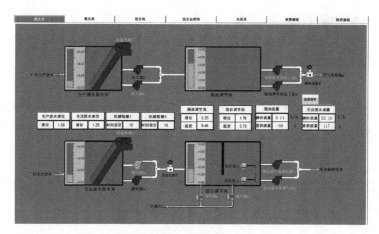

图 3-37　集水井系统的操作界面

（1）格栅的控制

①状态显示

"机械格栅 2"为黑色时，表示当前机械格栅 2 为现场控制，即现场控制柜手动控制，可以通过控制柜上面的启动、停止按钮进行操作，此时远程操作无效；"机械格栅 2"为绿色时，表示当前机械格栅 2 为远程控制，即上位机远程控制，可以通过上位机手动和自动控制，此时本地操作柜操作无效。

　表示当前机械格栅 2 为运行状态，设备图标呈绿色。

　表示当前机械格栅 2 为停止状态，设备图标呈红色。

表示当前机械格栅 2 为故障状态,设备图标呈黄色。

②自动控制方式

手动控制:可以通过上位机的启动、停止按钮对格栅进行启动和停止控制。

自动控制:如图 3-38 所示,可以通过上位设置一小时的运行分钟数,格栅会根据设置的时间进行运行。当生产废水集水井液位低于设定的低液位时,此时机械格栅 2 会停止运行。

注意:机械格栅 1 与机械格栅 2 控制类似。

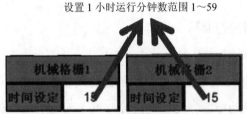

图 3-38 机械格栅设置运行间隔的操作界面

(2)生活废水集水井潜污泵

①状态显示

"潜污泵 a"为黑色时,表示当前潜污泵 a 为现场控制,上位操作无效;"潜污泵 a"为绿色时,表示当前潜污泵 a 为远程控制,本地操作柜无效。

表示当前生活废水集水井潜污泵 a 为运行状态，设备图标呈绿色。

表示当前生活废水集水井潜污泵 a 为停止状态，设备图标呈红色。

②自动控制方式

手动控制：可以通过上位机的启动、停止按钮对格栅进行启动和停止控制。

自动控制：生活废水集水井处于低液位（可设）时，潜污泵 a、b 均停止运行；当综合调节池在中液位以下且生活废水集水井液位在中液位（可设）时，起动 1 台潜污泵；当生活废水集水井液位达到高液位（可设）时，启动 2 台潜污泵。

注意：生产废水集水井化工泵、综合调节池潜污泵、隔油调节池化工泵的控制方式与生活废水集水井潜污泵类似。

（3）蒸汽电动阀门

①状态显示

"蒸汽阀 a"为黑色时，表示当前蒸汽阀 a 为现场控制，上位操作无效；"蒸汽阀 a"为绿色时，表示当前蒸汽阀 a 为远程控制，本地操作无效。

表示当前蒸汽阀 a 为关到位状态，阀门图标呈红色。

表示当前蒸汽阀 a 为开到位状态，阀门图标呈绿色。

②自动控制方式

手动控制：可以通过上位机的开阀、关阀、停止按钮对格栅进行开阀、停止和关阀控制。

自动控制：综合调节池温度低于 5℃，把蒸汽阀 a 和蒸汽阀 b 开到位；当温度高于 25℃时，把蒸汽阀 a 和蒸汽阀 b 关到位。

3. 组合池系统

组合池系统的操作界面如图 3-39 所示，主要包含鼓风机、抽吸泵、排泥泵、回流泵、电动阀门、液位计、ORP、浊度计等设备。

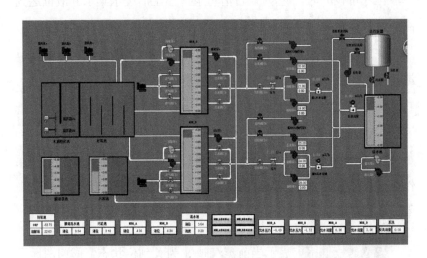

图 3-39　组合池系统的操作界面

（1）MBR-A 系统

①系统组成

MBR-A 系统主要包含进气阀门 a、b、c，出水阀门 a、b、c，出水阀门 1a，反洗阀门 a，加药阀门 a，出水流量，出水压力，反洗泵 a。

②自动控制

启动步骤：确认将参与 MBR-a 系统的设备打到自动状态，将出水阀门 a、b、c，出水阀门 1a，抽吸泵 a、b，反洗泵 a 打到自动状态，然后将抽吸泵 a、b，反洗泵 a 的频率设置到满足工艺的频率，然后按下 MBR-A 系统启动按钮。系统就可以按照工艺要求的步骤运行。

停止步骤：按下 MBR-A 系统停止按钮，系统会停止，产水也将停止。如果此时与膜系统相关的设备都处在自动状态，再按下 MBR-A 系统启动按钮时系统将继续运行。

（2）MBR-B 系统

①系统组成

MBR-B 系统主要包含进气阀门 a、b、c，出水阀门 a、b、c，出水阀门 1a，反洗阀门 a，加药阀门 a，出水流量，出水压力，反洗泵 a。

②自动控制

启动步骤：确认将参与 MBR-b 系统的设备打到自动状态，将出水阀门 d、e、f，出水阀门 1b，抽吸泵 c、d，反洗泵 b 打到自动状态，然后将抽吸泵 c、d，反洗泵 b 的频率设置到满足工艺的频率，然后按下 MBR-B 系统启动按钮，系统就可以按照工艺要求的步骤运行。

停止步骤：按下 MBR-B 系统停止按钮，系统会停止，产水也将停止。如果此时与膜系统相关的设备都处在自动状态，再按下 MBR-B 系统启动按钮时系统将继续运行。

4. 报警记录

如图 3-40 所示，该界面主要是记录各种报警，红底纹（图中浅色部分）说明报警正存在，黑色底纹（图中深色部分）说明报警已经消失，绿色底纹说明报警已经确认。同时，可以通过工具栏对报警进行短期归档、长期归档、报警确认等操作。

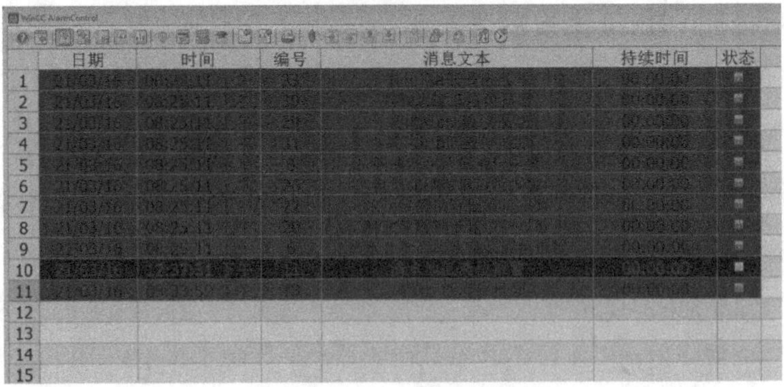

图 3-40　报警记录的显示界面

如图 3-41 所示，该界面主要进行对报警信号进行归档和统计，对报警信号进行确认、对报警信息进行数据打印等操作。

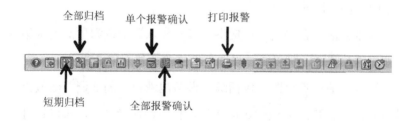

图 3-41 报警记录的操作界面

报警主要包含以下几种类型：电机故障报警，原因为电机的热继电器过载，须将热继电器复位；阀门故障报警，原因为电动阀门故障，须重新给电动阀门上电；液位高、液位低报警，原因为池子超高或者超低；工艺参数报警，原因为超过了工艺参数设定的值。

5．趋势曲线

图 3-42 为趋势曲线的显示界面。

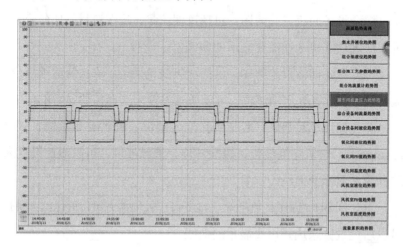

图 3-42 趋势曲线的显示界面

（1）趋势图的主要组成

集水井液位趋势图：包括生产废水集水井液位和生活废水集水井液位的趋势图，可以通过设置来选择需要显示的曲线。

组合池液位趋势图：包括综合调节池液位、隔油调节池液位、膜池 a 液位、膜池 b 液位、清水池液位、污泥池液位，可以通过设置来选择需要显示的曲线。

组合池工艺参数趋势图：包括水解酸化池 ORP、清水池浊度计、好氧池溶氧仪，可以通过设置来选择需要显示的曲线。

组合池流量计趋势图：包括生活废水流量、清水池流量，可以通过设置来选择需要显示的曲线。

膜车间流量压力趋势图：包括膜 a 出水压力、膜 b 出水压力、膜 a 出水流量、膜 b 出水流量、反洗流量，可以通过设置来选择需要显示的曲线。

综合设备间流量趋势图：包括进泥流量、反洗流量、加药流量，可以通过设置来选择需要显示的曲线。

综合设备间液位趋势图：包括次氯酸钠液位、浓次氯酸钠液位、氯化氢液位、氢氧化钠液位，可以通过设置来选择需要显示的曲线。

氧化间液位趋势图：包括氧化池 a 液位、氧化池 b 液位、氧化池 c 液位、过氧化氢液位、硫酸液位、液碱液位，可以通过设置来选择需要显示的曲线。

氧化间 pH 趋势图：包括氧化池 a pH、氧化池 b pH、氧化池 c pH，可以通过设置来选择需要显示的曲线。

氧化间温度趋势图：包括氧化池 a 温度值、氧化池 b 温度值、氧化池 c 温度值，可以通过设置来选择需要显示的曲线。

流量累积趋势图：包括生活废水累积流量、隔油调节池累积流量，可以通过设置来选择需要显示的曲线。

（2）趋势曲线的设置界面

如图 3-43 所示，可以对趋势画面进行各种操作，包括趋势画面的选择、时间轴的设置、数值轴的设置及趋势颜色的设置等。

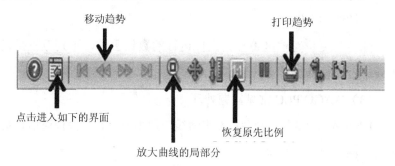

图 3-43　趋势曲线的设置界面

3.5.3　系统维护

1. 设备维护与注意事项

（1）MODBUS TCP 网络中的问题

站点控制柜掉电：检查站点现场控制柜，观察 WAGOPLC 的指示灯是否有灯亮，若是灯亮说明不是 PLC 的问题，可排除由电造成的通信故障。

I/O 模块故障：当 I/O 指示灯闪红色时，说明是模块故障，检查导轨上的模块是否有松动或者损坏的情况。

（2）西门子 PLC 常见问题处理

当程序执行错误时，可通过复位存储区进行复位：将操作模式开关切换到 STOP 位置，RUN/STOP LED 指示灯点亮为黄色；将操作模式开关切换到 MRES 位置，将选择开关保持在此位置，直至 RUN/STOP LED 指示灯第二次点亮并保持在点亮状态（需要 3 秒），此后松开选择开关；在接下来 3 秒内，将操作模式开关切换回 MRES，然后再切换回 STOP。

注意：复位存储区将导致上位运行的数据丢失，不到万不得已不要进行该操作。

（3）WAGO PLC 常见问题处理

UNK ACK 显示为红色：说明网线口通信有问题，检查通信是否正常，网线是否有松动。

I/O 口灯闪烁：I/O 模块有损坏，根据具体的闪烁次数来确定。

2. 计算机的维护与清洁

（1）长时间不使用计算机时，应关闭计算机电源以及显示器电源。

（2）避免频繁开关计算机或显示器，以免对计算机或显示器造成伤害。

（3）计算机属于高精密设备，操作时要爱惜，不要随意插拔内部的板卡或带电插拔外围设备或器件，以免造成硬件设备的毁坏，影响生产。

（4）进行清洁工作时，应先关闭计算机电源，使用干抹布擦去灰尘，对于比较难以去除的污渍可以使用指甲轻轻刮去。如果一定要用水进行擦拭，则一定要将湿抹布拧干，杜绝水进入计算机对机器造成损害。

（5）清洁显示器屏幕时应使用干爽的软布，以棉布为最佳。避免使用绸或麻织物，以免在屏幕上留下刮痕。

（6）清洁键盘时，可以使用小毛刷将键帽间的污垢扫去，清洁鼠标时，可以将鼠标底面的污垢刮去即可。

（7）首次进入系统需要加载大量的程序和系统数据，可能需要一定的时间，不要急于操作，耐心等待。

3. 计算机的故障处理

（1）若要重新安装系统或做磁盘整理、格式化等操作，一定要注意保存数据。

（2）在一般情况下，禁止操作人员进入 Windows 7 操作系统进行非法操作，否则可能会造成系统故障。

（3）本系统主要是用于工业生产控制，由于其功能的特殊性，不允许在操作站上安装其他类型的软件，以免破坏系统的稳定性、安全性。

（4）计算机出现故障时，一般重新启动计算机即可解决。死机时，可以按住计算机电源键几秒钟关闭计算机电源，再次按电源键启动计算机即可。

（5）若计算机故障无法解决，须报告相应的维护人员进行故障排除；对出现的问题最好养成仔细记录的良好习惯，以便维护人员快速地解决问题，减少停机造成的损失。